Rigobert Fokam
Jean-Blaise Teguia
Laurent Bitjoka

Étude et réalisation d'un système de traitement du signal multivoies

Rigobert Fokam
Jean-Blaise Teguia
Laurent Bitjoka

Étude et réalisation d'un système de traitement du signal multivoies

Application à l'étude de la cuisson des légumineuses

Noor Publishing

Imprint

Any brand names and product names mentioned in this book are subject to trademark, brand or patent protection and are trademarks or registered trademarks of their respective holders. The use of brand names, product names, common names, trade names, product descriptions etc. even without a particular marking in this work is in no way to be construed to mean that such names may be regarded as unrestricted in respect of trademark and brand protection legislation and could thus be used by anyone.

Cover image: Provided by the author

Publisher:
Noor Publishing
is a trademark of
International Book Market Service Ltd., member of OmniScriptum Publishing Group
17 Meldrum Street, Beau Bassin 71504, Mauritius

Printed at: see last page
ISBN: 978-620-2-35292-5

REPUBLIQUE DU CAMEROUN
Paix –travail – patrie
MINISTERE DE L'ENSEIGNEMENT SUPERIEUR
UNIVERSITE DE NGAOUNDERE

REPUBLIC OF CAMEROON
Peace – work – fatherland
MINISTRY OF HIGHER EDUCATION
THE UNIVERSITY OF NGAOUNDERE

ECOLE NATIONALE SUPERIEURE DES SCIENCES AGRO-INDUSTRIELLES
NATIONAL SCHOOL OF AGRO-INDUSTRIAL SCIENCES

Conception et mise en œuvre d'un système de traitement du signal pour l'étude de la cuisson des légumineuses : cas du haricot

(*Phaseolus vulgaris)*

FOKAM SOUOP Rigobert

Ingénieur en maintenance industrielle et productique

2011

Dédicace

A ma feu maman bien aimée SIMO Elise

Je t'aimais, je t'aime, je t'aimerai...

A jamais ...

Remerciements

J'exprime ma gratitude à tous ceux qui de près ou de loin ont apporté leur contribution à la réalisation de ce projet, principalement à:

- L'Eternel Dieu Tout Puissant par qui toute œuvre véritable est accomplie.
- Au Pr. BITJOKA Laurent mon encadreur, pour sa disponibilité et ses conseils.
- Au Pr. KUITCHE Alexis responsable de la filière Ingénierie des Equipements Agro-Industriels (IEAI) de l'Ecole Nationale Supérieure des sciences Agro-Industrielles (ENSAI) de l'université de Ngaoundéré.
- Au Dr Vivient Corneille KAMLA pour ses encouragements et son soutient inconditionnel.
- Au Dr EDOUN Marcel et au Dr MOUANGUE pour leurs conseils et assistance technique.
- A monsieur BOUKAR OUSMAN pour tous ses encouragements.
- A tous les enseignants de la filière IEAI pour leurs enseignements et leurs contributions à ma formation.
- A ma famille pour son soutien durant mes études.
- Aux étudiants de master 2010/2011 de l'ENSAI particulièrement à mon frère FOTSO KAMDEM Kévin.
- A tous ceux que je n'ai pas cités mais qui ont marqués d'une empreinte indélébile mes années d'études.

Epigraphe

« *La Connaissance...*

C'est La Richesse »

Table des matières

Listes des figures

Liste des tableaux

Liste des abréviations

- **PC :** Personal Computer
- **PIC** : **P**rogrammable **I**ntegrated **C**ircuit, est un microcontrôleur capable de gérer des systèmes assez complexes.
- **RS232 :** Recommanded Standard 232, protocole de transmission série des données.
- **LVP**: **L**ow **V**oltage **P**rogrammable, se dit d'un PIC qui est programmable à des tensions basses telles que 5V.
- **USART**: **U**niversal **S**ynchronous **A**synchronous **R**eceiver **T**ransmitter, c'est le module de transmission du PIC16F877.
- **ICPROG**: **I**ntegrated **C**ircuit **PROG**rammer, est le logiciel de programmation des PIC.
- **MPLAB**: **M**icrochi**P** **LAB**oratories, est un IDE de programmation des PIC.
- **CC5X**: **C** **C**ompiler **5X,** est un compilateur permettant de programmer les PIC en C.
- **BCD :** binary coded decimal
- **TTL :** Transistor Transistor Logic
- **ADC:** Analog to Digital Converter
- **EOC:** End Of Conversion
- **OE:** Output Enable
- **START:** impulsion donnant l'ordre du début d'une conversion analogique numérique
- **CLK:** horloge
- ***CTS***: Clear To Send
- ***DCD:*** Data Carrier Detect
- ***DTR***: Data Terminal Ready
- ***RTS***: Request To Send
- ***RxD*** : Receive Data
- ***RI:*** Ring Indicator
- **TxD :** Transmit Data
- **UML :** Unified Modeling Language
- **LMA :** Levenberg-Marquardt Algorithm
- **NGA :** Newton-Gauss Algorithm
- **GSL :** GNU Scientific Library

Résumé

La maitrise de la cuisson du haricot constitue encore un problème d'actualité tant pour les chercheurs que pour les consommateurs et les producteurs de haricot. La résolution de ce problème devrait permettre de prévoir le temps de cuisson des légumineuses, et d'optimiser les méthodes de cuisson. En effet, l'étude de la cuisson des légumineuses consiste le plus souvent à mettre en évidence l'influence d'un (ou de plusieurs) paramètre(s) sur la cuisson, ou alors de suivre l'évolution de ce(s) paramètre (s) au cours de la cuisson. Dans le présent mémoire, nous avons étudié et réalisé une chaine complète de traitement du signal, partant de l'acquisition des signaux à leur traitement numérique, permettant de déceler ou de suivre ce(s) paramètre(s). Ce système est constitué des capteurs de déplacements, d'un module électronique d'acquisition de seize entrées fonctionnant à une cadence d'échantillonnage de 23 kHz et de deux applications informatiques dont l'une pour l'acquisition, le suivi en temps réel de la cuisson et l'archivage des données de cuisson, et l'autre pour le traitement de ces données. Ce système permet contrairement à ses prédécesseurs de traiter un nombre d'informations élevé avec une grande précision. Ce qui améliore la qualité et la quantité d'informations traités. Ainsi, notre système permet de déceler tout paramètre qui aurait une influence sur la cuisson du haricot. La mise en œuvre de notre système nous a permis de montrer l'influence de la variété, de la taille et de la température de cuisson d'un échantillon de haricot sur sa durée de cuisson.

Mots clés : traitement du signal-microcontrôleur-régression non linéaire- haricot.

Abstract

The control of the cooking beans is still yet a problem for researchers, consumers and producers of beans. The resolution of this problem could allow to predict the cooking time of beans, and also to optimize cooking methods. In fact, the aim of the study of cooking beans, is to highlight the effects of one or more parameters on the cooking beans, or to follow the progress of those parameters during the cooking. In the present document, we studied and achieved a system of signal processing which facilitate the detection or the survey of those parameters. This system composed of displacements sensors, of an electronic acquisition module of sixteen inputs turning to a sampling rate of 23 KHz, with two software for the management and the processing of the cooking's data, permits contrary to its predecessors to deal with more data, with a bigger precision. This in order to improve the quality and the quantity of analyzed data. Therefore, our system enables the detection of any influence of whatever parameter on the cooking beans. Using our system we show the influence of the variety, the size and the cooking temperature of a sample beans on its cooking time.

Key words: signal processing-microprocessor-non linear fitting-beans

Introduction

Le haricot commun (*Phaseolus vulgaris)* appartient à la famille des Légumineuses. C'est l'espèce la plus consommée dans le genre *Phaseolus* et parmi les « haricots » au sens large. Il constitue un aliment de base pour certaines populations de pays en développement, notamment en Amérique latine et en Afrique orientale. Comme tous les légumes secs, il est nourrissant, énergétique (riche en féculents mais pauvre en graisses) et constitue un ingrédient peu onéreux de nombreuses recettes traditionnelles. En général, les légumineuses sont des sources d'hydrates de carbone complexes, de protéines et de fibres alimentaires, ayant une quantité considérable de vitamines et de minéraux, et une grande valeur énergétique (Tharanathan et Mahadevamma, 2003). Le pourcentage de protéine des grains de légumineuses variant de 17% à 40% est supérieur à celui des grains de céréales compris entre 7% et 13% et est sensiblement égal à celui de la viande variant entre 18% et 25%. Le haricot est donc une source importante de protéines accessible aux populations des pays en voie de développement car il coûte moins chers que la viande et le poisson, autre source importantes de protéines.

Cependant, Il a été constaté que, le stockage des grains de haricot, a une température élevée (≥ 25° C) et une humidité relative élevée (≥65 %), conditions prédominantes en milieu tropical, cause le durcissement des grains et rallonge ainsi leur temps de cuisson. Ce phénomène de durcissement, connu sous le nom de Hard-To-Cook (Aguilera et *al,* 1986 ; Aguilera et Ballivian, 1992 ; Mbofung et *al.* 1999), réduit considérablement la consommation du haricot (Mbofung, 1996).

En effet, la cuisson est l'opération qui permet de modifier le goût, la texture, la toxicité ou les qualités nutritives d'un aliment sous l'effet de la chaleur qu'on lui apporte ou à laquelle il est soumis. La cuisson du haricot est l'une des préoccupations essentielles des phytogénéticiens spécialisés dans les légumineuses, des fabricants de produits alimentaires, des producteurs et des consommateurs du haricot. Le temps de cuisson est le principal indicateur de la qualité des légumineuses. Un temps de cuisson trop court non seulement altère le gout mais aussi rend le haricot indigeste, une surcuisson réduit les valeurs nutritives (notamment en protéines), et entraine une surconsommation en combustible.

Dès lors l'étude de la cuisson des légumineuses revêt une importance capitale. Cette étude repose essentiellement sur le cuiseur Mattson. C'est une marmite spécialement conçue pour l'étude de la cuisson du haricot. Cependant, ce cuiseur essentiellement mécanique, nécessite pour son exploitation d'être accompagné d'un dispositif permettant de recueillir, de conditionner et d'analyser les données qu'il fournit.

Tous les dispositifs réalisés jusqu'à présent présentent des limites.

Les premiers systèmes réalisés fonctionnaient en tout ou rien (Hentges et *al*, 1990 ; Téguia, 2000 ; Wang et Daun, 2005) c'est-à-dire ne fournissaient que des renseignements sur l'état cuit ou non cuit du grain de haricot. Le dispositif élaboré par Bitjoka et *al.* (2008) a permis le suivi en continu de la cinétique de cuisson complète du grain de haricot. Cependant ce dispositif présente les insuffisances suivantes :

- Le suivi de la cinétique de cuisson ne peut se faire que sur un échantillon de quatre grains.
- Le dispositif fonctionne à une cadence d'échantillonnage de 1 Hz.
- Le dispositif est mis en œuvre avec des capteurs de faible sensibilité dont l'exploitation nécessite l'ajout d'une masse de 152g ; ce qui a un impact non négligeable sur les résultats obtenus.
- Le dispositif n'intègre pas le traitement effectif des signaux délivrés par les capteurs, et nécessite l'usage des logiciels commerciaux (Sigma-Plot, Statgraphics etc.) pour analyser les paramètres de la cuisson tels que le temps de cuisson et la constante de temps de cuisson.

Tout ceci soulève une question importante : comment réaliser un dispositif plus élaboré pour se défaire des manquements précédents?

En d'autres termes, il s'agit de concevoir un dispositif pouvant répondre aux exigences suivantes :

- travailler à une cadence d'échantillonnage élevée (bien supérieur à 1 Hertz).
- opérer sur un nombre significatif de grains pour avoir une statistique intéressante.
- utiliser des capteurs plus adéquats.
- Implémenter le traitement effectif des signaux.

Tel est donc le principal centre d'intérêt de notre étude qui est articulée autour de deux points essentiels: tout d'abord, la conception et la réalisation du dispositif d'acquisition et de traitement des données de cuisson, ensuite la mise en œuvre du dispositif par le suivi de quelques paramètres ayant une supposée influence sur la cuisson du haricot.

Notre étude repose sur deux hypothèses : une première hypothèse selon laquelle le relevé des signaux à une cadence d'échantillonnage élevée devrait accroitre la précision des résultats obtenus ; et une seconde hypothèse selon laquelle le fait de s'affranchir de l'ajout d'une masse de 152g lors de l'acquisition des signaux pourrait modifier les modèles de cuisson connus jusqu'à présent.

Les résultats attendus à l'issu de nos travaux sont donc :

- La réalisation d'un système électronique pour l'élaboration des données relatives à la cuisson d'un échantillon de grains de haricot.
- La réalisation d'une application informatique pour l'observation en temps réel de la cuisson, et l'archivage des données de la cuisson.
- La réalisation d'une application pour le traitement des signaux relevés.
- Le choix et étalonnage des capteurs pour le relevé des signaux.
- Le relevé effectif et analyse des signaux de cuisson du haricot par le suivi de quelques paramètres pouvant influencer le temps de cuisson.

Pour obtenir ces résultats, la démarche générale utilisée afin dans la conception et la réalisation notre dispositif peut être structurée autour de trois logiques d'actions :

- La divergence : c'est la situation qui vise à élargir les frontières de la conception pour élargir l'espace de recherche de solutions grâce à une efficace revue de la littérature.
- La transformation : c'est l'action de construire le système, à partir des résultats de la logique de divergence en usant de tous les outils et méthodes de conception et de créativité nécessaire.
- La convergence : c'est l'action de réduire progressivement l'incertitude en procédant récursivement à des tests unitaires.

L'exposé détaillé des différentes phases de réalisation de notre dispositif à travers cette démarche est consigné dans le présent mémoire de la manière suivante: dans le chapitre 1 consacré à la revue de la littérature nous présentons tout d'abord l'état de l'art sur la cuisson du haricot, ensuite nous exposons les notions importantes relatives au traitement du signal (capteurs, microcontrôleur, programme etc.), et indispensable à une compréhension et à une réalisation objective de notre système. Le second chapitre détaille le matériel d'étude et les différents outils, méthodes et concepts utilisés pour atteindre nos objectifs. Enfin le dernier chapitre présente des divers résultats obtenus.

CHAPITRE 1 : REVUE DE LA LITTERATURE

I. L'état de l'art sur la cuisson du haricot

Le haricot (*Phaseolus Vulgaris*) est une plante de la famille des papilionacées qui regroupe pour la plupart les plantes grimpantes. Il est abondamment rencontré en zone tropicale où les conditions d'humidité relative (70%) et de température 30-40° C lui sont favorables.

Le genre *Phaseolus* regroupe des plantes herbacées annuelles originaires d'Amérique Centrale produisant un à douze grains de taille, de forme et de couleur variables contenus dans une gousse. Ce genre comprend 80 espèces. L'espèce *Vulgaris* est la plus connue. Cette espèce comprend plusieurs variétés reparties en neuf groupes selon la couleur des graines : blanc, blanc panaché, crème, brun, jaune, rose, rouge, pourpre et noir (figure 1).

Figure 1 : Quelques variétés de *Phaseolus Vulgaris*

Les grains de haricot stockés à une température élevée (≥ 25°C) et une humidité relative élevée (≥ 65%) subissent des transformations physico-chimiques (Hincks et Stanley, 1986). Ces transformations physico-chimiques réduisent le pouvoir d'absorption d'eau des grains de haricot et rallongent en même temps leur temps de cuisson. Ce phénomène de durcissement des grains de haricot est connu sous le nom de Hard-To-Cook. Ce phénomène se caractérise par une perte des valeurs nutritives des aliments suite à un temps de cuisson particulièrement long (Aguilera et Stanley, 1985).

Dans le but de différencier les grains de haricot durcis des autres, des méthodes d'évaluation de leur cuisson ont été mises en place. Il s'agit premièrement des méthodes subjectives (analyse sensorielle) puis, des méthodes objectives (temps de cuisson, constante de temps de cuisson, cinétique d'absorption d'eau etc.).

I-1. Méthodes subjectives : Analyse sensorielle ou méthode tactile

Dans cette méthode, on mélange dans une marmite des grains de haricot et de l'eau. On porte le mélange à ébullition, puis on couvre la marmite. Ou encore on amène d'abord de l'eau à ébullition, on introduit ensuite les grains de haricot sans interrompre le bouillottement et enfin on couvre la marmite. Des sous échantillons (10 grains chacun) sont enlevés de la marmite à l'aide d'une cuillère à des intervalles de temps de 2 min. un test de tendreté est effectué en pressant chaque grain entre le pouce et l'index. Le temps de cuisson de l'échantillon est celui pour lequel les dix grains d'un sous échantillon sont cuits. Cinq manipulateurs différents effectuent le même test et la moyenne des cinq temps de cuisson est prise en considération (Vindiola et *al.*, 1986). Hentges et *al.* (1990) ont montré que le temps de cuisson moyen des grains de haricots fraîchement récoltés varie de 40 à 46 min. Plus les grains ont un degré de Hard-To-Cook élevé plus le temps de cuisson sera long. Les résultats obtenus dépendent de la sensibilité de l'opérateur qui varie d'un individu à un autre. La méthode tactile est pénible et présente des risques de brûlure de l'opérateur. L'utilisation d'un dispositif qui surveillerait le ramollissement des grains en cuisson sans l'intervention de l'opérateur s'avère indispensable.

I-2. Méthodes objectives

I-2-1. Temps de cuisson

Mattson en 1946 a conçu un cuiseur qui permet de suivre indépendamment chaque grain d'un échantillon de cent grains. Varriano-Marston et Jackson (Varriano-Marston et Jackson, 1981) ont réduit la taille à vingt cinq, puis à dix neuf, avec le même principe de fonctionnement.

Le cuiseur comporte une marmite métallique de 2 L, une grille de cuisson munie de dix neuf dépressions perforées et de dix neuf pistons lestés. La figure 2 présente les dimensions de la marmite, de la grille de cuisson et d'un piston lesté.

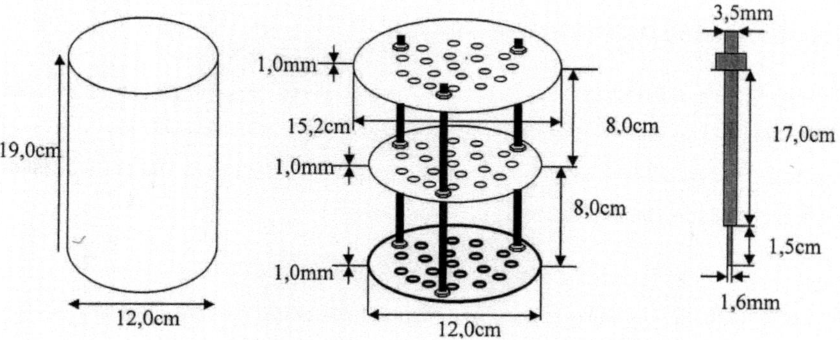

Figure 2 : Dimensions de la marmite, de la grille de cuisson et d'un piston lesté du cuiseur Mattson

Un grain de haricot (*phaseolus vulgaris*) est placé dans chacun des dix neuf emplacements du niveau inférieur de l'étagère. Chaque piston lesté est positionné de sorte que son bout de perforation soit en contact avec la surface du grain. L'ensemble (grille, pistons lestés, grains) est placé dans la marmite contenant 1,5 l d'eau. Le cuiseur est placé sur une source de chaleur et la cuisson commence. Le piston lesté perfore le grain au fur et à mesure que ce dernier se ramollit. Quand le grain est entièrement cuit, le piston lesté chute. Le dessus du piston lesté qui a chuté est approximativement trois centimètres plus bas que le dessus des autres pistons lestés qui n'ont pas encore chutés (voir figure 3). Cette chute du piston lesté permet de déterminer facilement le moment ou le grain correspondant est transpercé. Le temps de cuisson d'un grain est le temps indiqué soit par un chronomètre à la chute du piston lesté associé, soit par l'horloge d'un PC associé au dispositif de cuisson. Le temps de cuisson de l'échantillon a été exprimé de plusieurs manières par les chercheurs. Plusieurs chercheurs comptent le nombre de pistons lestés qui ont chutés à la fin de chaque minute. Le temps de cuisson d'un échantillon est le temps mis pour que 50% des pistons lestés chutent. Proctor et *al.* (Proctor et *al.,* 1993) considèrent comme temps de cuisson d'un échantillon le temps requis pour que 92% des pistons lestés chutent. Hsieh et *al.* (Hsieh et *al.*, 1993) considèrent respectivement comme temps de cuisson d'un échantillon le temps mis pour que 100% des pistons lestés chutent.

Le cuiseur Mattson, qui permet de mesurer le temps de cuisson à l'aide des pistons lestés, offre une méthode de mesure objective et est simple à utiliser par rapport à l'analyse sensorielle. Cependant, cette méthode demande une attention soutenue de l'opérateur. Il faut relever, à chaque chute du piston lesté, le temps indiqué par un chronomètre sans arrêter de surveiller le mouvement des autres pistons. Le cuiseur Mattson a donc connu plusieurs modifications ces dernières années afin que la chute des pistons lestés soit enregistrée automatiquement. Ces modifications ont été faites respectivement par Chhinnan (1985), Hengtes et *al.* (1990), Téguia (2000), Wang et Daun (2005), et Téguia (2007).

I-2-1-1 Modifications de Chhinnan (1985)

Un support horizontal a été monté au dessus du cuiseur Mattson de vingt cinq grains. Vingt cinq capteurs, associés chacun à un piston lesté, ont été fixés à ce support. Un aimant est attaché à chaque piston lesté (figure 3). Cet ensemble a la même masse que le piston lesté du cuiseur Mattson de Varriano-Marston et Jackson (1981). Une boîte interface relie l'enregistreur à tracé continu aux différents capteurs. Lorsque le piston perfore le grain et poursuit sa chute, le capteur détecte une modification et relaie un signal à l'enregistreur à tracé continu, qui trace la courbe du signal de sortie de la boîte interface en fonction du temps. Chaque capteur est une ampoule de verre contenant deux lampes métalliques souples. Ce capteur se comporte comme un interrupteur qui est ouvert quand le grain est non cuit et fermé dès que le grain cuit.

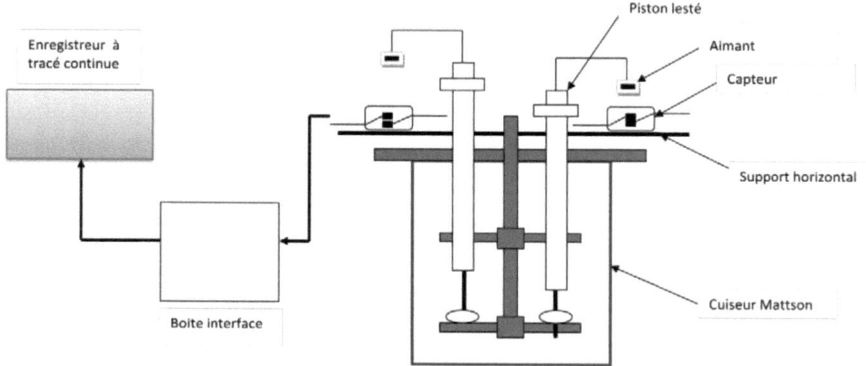

Figure 3 : schéma de principe du dispositif de Chhinnan

I-2-1-2 Modification de Hentges et *al.* (1990)

Les capteurs et l'enregistreur du dispositif de Chhinnan (figure 3) sont remplacés respectivement par les capteurs photoélectriques et un PC (Personal Computer). Une plaque plastique est fixée au dessus de chaque piston lesté (figure 4). Chaque plaque a une section opaque et une section transparente. Le poids de la plaque plastique est négligeable devant celui du piston lesté. Ces modifications mécaniques ont une influence négligeable sur le fonctionnement du cuiseur Mattson. Une carte d'acquisition relie la boîte interface au PC. Lorsque le piston perfore le grain et poursuit sa chute, le capteur détecte une modification et relaie un signal au PC, qui enregistre l'événement. Chaque capteur photoélectrique est constitué d'un émetteur de lumière (diode électroluminescente) et d'un récepteur (phototransistor). Quand le piston chute, la section opaque de la plaque plastique bloque la transmission de la lumière allant de l'émetteur au récepteur. L'information de sortie du capteur se limite à une variable binaire qui est dans un état lorsque la lumière de la diode est transmise (grain non cuit), et dans son état complémenté dès que la lumière se bloque (grain cuit). Le temps associé à cette chute de piston (temps de cuisson du grain) est tiré de l'horloge du PC. Les différents temps sont enregistrés dans un fichier.

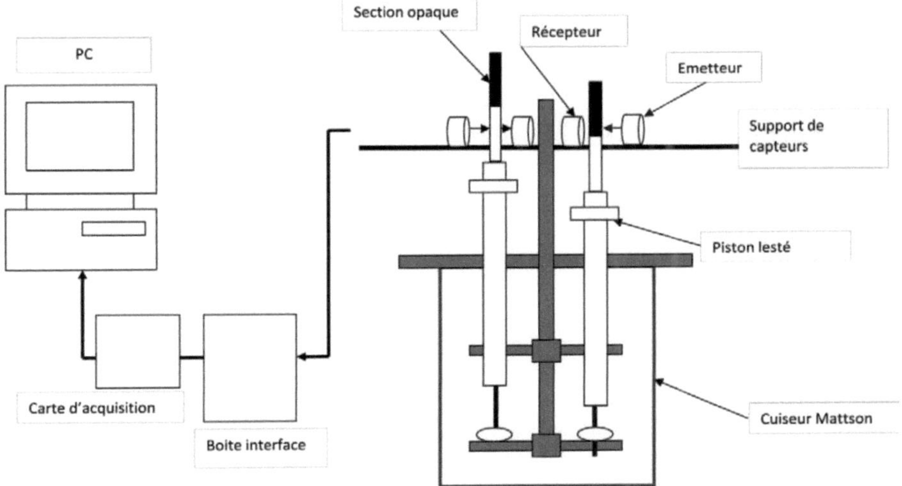

Figure 4 : schéma de principe du dispositif de Hengtes

I-2-1-3 Modification de Téguia (2000)

Des capteurs potentiométriques linéaires à glissières (M10kΩBK73M) sont fixés à un support au-dessus du cuiseur Mattson (figure 5). Chaque piston lesté est relié au curseur d'un potentiomètre par un fil métallique non flexible. Le poids du fil est négligeable devant celui du piston lesté. Ces modifications ont une influence non négligeable sur le fonctionnement du cuiseur Mattson. Chaque capteur est une résistance électrique variable qui, polarisé sous une tension électrique fixe V_{cc}, transforme chaque déplacement quelconque x du curseur en une tension électrique E. lorsque le piston lesté perfore entièrement le grain de haricot, il chute. La chute du piston lesté traduit la cuisson du grain de haricot. Une position du piston en chute est choisie comme indicateur de cuisson. La tension de sortie du potentiomètre à cette position du curseur est alors appelée la tension seuil (E_T). Lorsqu'on atteint cette tension, le compteur des grains cuits est incrémenté à l'aide d'une boîte interface afin que le temps de cuisson du grain soit enregistré dans une mémoire vive à adresse fournie par ce compteur. Cette situation impose au capteur un fonctionnement en tout ou rien. Les afficheurs sept segments à diodes électroluminescentes (afficheurs DEL) sont utilisés pour visualiser le rang et le temps de chute associé à chaque piston lesté.

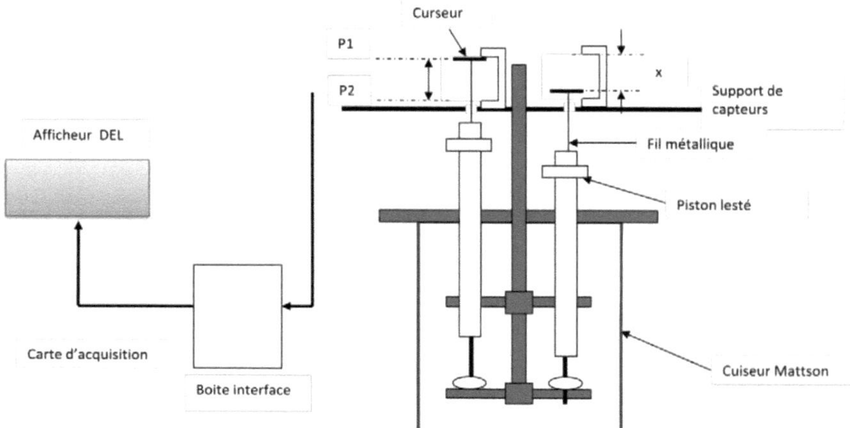

Figure 5 : schéma de principe du dispositif de **Téguia**

I-2-1-4 Modification de Wang et Daun (2005)

Des interrupteurs mécaniques à bouton poussoir ont été montés sur le support horizontal fixé au-dessus du cuiseur Mattson de 25 grains. Ces interrupteurs sont connectés à une boîte interface, elle-même branchée à une carte d'entrée-sortie et à un PC (Personal Computer). Lorsque le piston lesté perfore le grain et poursuit sa chute, il est stoppé par le bouton poussoir (figure 6). Ce contact ferme l'interrupteur et relaie un signal à un ordinateur connecté au système. Les données sont enregistrées automatiquement. Le temps de chute de chaque piston lesté est enregistré dans un fichier.

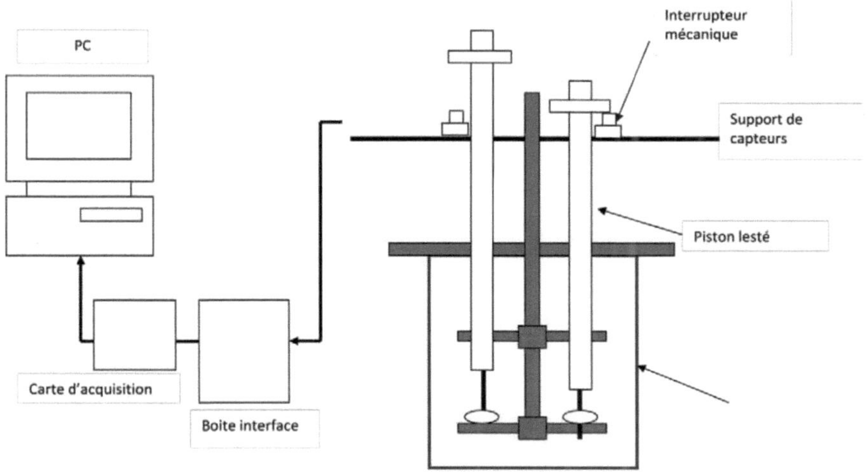

Figure 6 : schéma de dispositif de Wan et Daun

I-2-2 Constante de temps de cuisson

Les modifications précédentes à savoir celles de Chhinnan (1985), Hentges et *al.* (1990), Téguia (2000) et Wang et Daun (2005) ne fournissent que des renseignements sur l'état cuit ou non du haricot. Leurs différents dispositifs fonctionnent à base d'un capteur en tout ou rien. Seule la modification apportée par Téguia (2007) et Bitjoka et al. (2008) est à mesure de suivre en continu la cinétique de cuisson du haricot et d'évaluer sa constante de temps de cuisson. Ce dispositif de Téguia (2007) est associé au cuiseur Mattson.

Il comporte trois parties : des capteurs de position, une carte d'acquisition de données sur PC (Personal Computer) et un PC. Les capteurs utilisés sont des résistances variables (potentiomètres rectilignes). La chute du piston lesté est un déplacement vertical de haut en bas, traduit par le capteur en une variation de résistance électrique puis en une variation de tension électrique. Bitjoka et *al.* (2008) ont montré que ce déplacement, traduisant la cuisson du haricot suit une loi sigmoïdale de la forme $X(t) = X_0 + A * \tau * (\exp(t/\tau) - 1)$ où τ est la constante de temps de cuisson et le 1/A le temps de cuisson de l'échantillon concerné.

Toutefois, le dispositif utilisé pour obtenir ces résultats présente des insuffisances en termes de qualité et quantité d'informations élaborées, le but de l'étude menée ici est de mettre sur pied un dispositif de traitement du signal pouvant remedier à ces insuffisances afin d'apporter plus de précision aux résultats connus, mais plus encore d'élargir notre champ de connaissance pour ce qui est de la cuisson des légumineuses.

II. Le traitement du signal

II-1. Généralités

a) Notion de signal

Un signal est une variation d'une grandeur physique (le plus souvent électrique) qui porte de l'information. Il constitue le support de l'information émise par une source et destinée à un récepteur, c'est le véhicule de l'intelligence dans les systèmes. Il transporte les ordres dans les équipements de contrôle et de télécommande, il achemine sur les réseaux l'information, la parole ou l'image. Il est particulièrement fragile et doit être manipulé avec beaucoup de soins. Le traitement qu'il subit a pour but d'extraire des informations, de modifier le message qu'il transporte ou de l'adapter aux moyens de transmission; c'est là qu'interviennent les techniques numériques. En effet, si l'on imagine de substituer au signal un ensemble de nombres qui représentent sa grandeur ou amplitude à des instants convenablement choisis, le traitement, même dans sa forme la plus élaborée, se ramène à une séquence d'opérations logiques et arithmétiques sur cet ensemble de nombres, associées à des mises en mémoire.

b) Classification des signaux

On classe souvent les signaux les plus étudiés en fonction de leur origine. On trouve ainsi :

- Les signaux de télécommunications, qui transportent l'information par modulation avec une porteuse, le plus souvent aujourd'hui sous forme numérique. Ces signaux sont les plus simples à étudier, en ceci que, ayant été conçus par des ingénieurs, ils présentent des propriétés permettant de faciliter les opérations de modulation, de démodulation, etc.
- Les signaux géophysiques, tels que l'évolution de la température, de la pression, de la vitesse d'écoulement de fluides terrestres, les signaux acoustiques, les ondes de vibration de l'écorce terrestre. Un cas particulier très important est l'image, variation de luminosité et de couleur perçue par l'appareil photo ou la caméra (aujourd'hui numériques).
- Les signaux cosmiques, tels les ondes captées par les radio-télescopes.
- Les signaux biologiques, mesurés à divers endroits du corps humain et renseignant sur son fonctionnement. On peut citer par exemple l'électro-cardiogramme, l'électro-encéphalogramme, l'électro-oculogramme ou l'électro-myogramme.

- Les signaux de communication interpersonnelle, tels que la parole ou l'écriture. A l'extrême opposé des signaux de télécommunications, ces signaux réalisent une modulation très complexe de l'information qu'ils portent. Le modulateur et le démodulateur sont en effet un cerveau humain.

On peut également classer les signaux en fonction de leur dimension. Ainsi, la plupart des signaux ci-dessus sont représentables mathématiquement par des fonctions d'une seule variable réelle. On les appelle donc signaux mono-dimensionnels. L'image, au contraire, est un signal bi-dimensionnel. Il est également fréquent de classer les signaux en fonction de la connaissance que l'on peut en avoir. Bien que tous les signaux soient par essence déterministes (ils sont tous crées par des causes physiques précises, bien que parfois non mesurables), on réserve en général le qualificatif de déterministe pour les signaux dont on peut expliquer l'allure temporelle. Les autres signaux sont qualifiés d'aléatoire. La plupart de ces signaux (du moins ceux qui ont une origine naturelle) sont analogiques : ils peuvent être décrits par une fonction continue de la variable temporelle t et peuvent prendre a priori n'importe quelle valeur réelle. Il est donc logique que les machines permettant de créer ou de modifier ces signaux ont longtemps été elles-mêmes exclusivement analogiques. Le téléphone en est un bel exemple.

c) Evolution vers les signaux numériques

Depuis quelques décennies (tout au plus), on dispose de systèmes électroniques (CAN : convertisseurs analogique-numérique) permettant d'échantillonner et de quantifier les signaux analogiques, les transformant ainsi en signaux numériques. Ces derniers sont caractérisés par le fait qu'ils ne sont définis qu'à des instants discrets (appelés instants d'échantillonnage), et qu'ils ne peuvent prendre qu'un nombre fini de valeurs discrètes. Inversement, on dispose de systèmes (CNA: convertisseurs numérique-analogique) permettant de reconvertir un signal numérique en signal analogique. Cette brèche entre l'analogique et le numérique a ouvert la voie vers la mise au point de machines numériques (c'est-à-dire basées sur l'utilisation d'un calculateur) permettant de manipuler les signaux. La conversion du signal continu analogique en un signal numérique est réalisée par des capteurs qui opèrent sur des enregistrements ou directement dans les équipements qui produisent ou reçoivent le signal. Les opérations qui suivent cette conversion sont réalisées par des calculateurs numériques agencés ou programmés pour effectuer l'enchaînement des opérations définissants le traitement.

d) Le traitement du signal

Le traitement (numérique) du signal consiste en un ensemble de théories et de méthodes, relativement indépendantes du signal traité, permettant de créer, d'analyser, de modifier, de classifier, et finalement de reconnaître les signaux (Bellanger, 1999).

Plus précisément le traitement numérique du signal désigne l'ensemble des opérations, calculs arithmétiques et manipulations de nombres, qui sont effectués sur un signal à traiter, représenté par une suite ou un ensemble de nombres, en vue de fournir une autre suite ou un autre ensemble de nombres, qui représentent le signal traité.

Il s'agit donc d'une science appliquée, puisque le signal numérique n'existe pour ainsi dire pas dans la nature. Il est une invention de l'homme, qui a pour but principal de permettre une manipulation aisée de signaux analogiques à l'aide de calculateurs numériques. Les fonctions les plus variées sont réalisables de cette manière, comme l'analyse spectrale, le filtrage linéaire ou non linéaire, le transcodage, la modulation, la détection, l'estimation et l'extraction de paramètres. Les machines utilisées sont des calculateurs numériques.

A partir de la définition du terme traitement du signal, deux fonctions essentielles se dégagent :

- Ensemble de techniques permettant de créer, d'analyser, de transformer les signaux en vue de leur exploitation.
- Extraction du maximum d'information utile d'un signal.

e) Notion de bruit en traitement du signal

La notion de bruit est très importante en traitement du signal, elle désigne tout phénomène perturbateur pouvant gêner la perception ou l'interprétation d'un signal. Elle est relative et dépend en général du contexte. Tout signal physique comporte du bruit qui est une composante aléatoire.

Le rapport signal sur bruit permet de quantifier l'effet du bruit sur un signal et désigne comme son nom l'indique le rapport entre la puissance d'un signal et la puissance du bruit contenu dans ce signal.

f) Systèmes analogiques, systèmes numériques

Les systèmes numériques possèdent sur leurs homologues analogiques un ensemble d'avantages décisifs :

- Simplicité : Les systèmes numériques sont intrinsèquement plus simples à analyser (et donc à synthétiser) que les systèmes analogiques. La récurrence linéaire qui caractérise un filtre numérique, par exemple, est accessible à un tout jeune enfant. Cette propriété des systèmes numériques est due en partie à l'adéquation parfaite entre simulation et traitement : simuler un traitement numérique, c'est en faire.
- Possibilités de traitement accrues : La simplicité des opérations numériques de base ne doit pas tromper : il s'ensuit qu'il est possible de réaliser, en numérique, des opérations beaucoup plus complexes qu'en analogique, notamment des opérations non-linéaires.
- Robustesse aux bruits : les systèmes numériques sont par essence insensibles aux bruits parasites électromagnétiques. Le transcodage de l'information sous forme numérique joue un peu le rôle de « firewall ».
- Précision et stabilité : puisque les seuls « bruits » sont liés à la précision des calculs, cette dernière dépend uniquement du calculateur utilisé ; elle est insensible à la température et ne varie pas avec l'âge du système.
- Flexibilité : dans un grand nombre de systèmes numériques, le traitement est défini par un logiciel chargé en mémoire. Il est dès lors très facile de modifier ce traitement, sans devoir modifier la machine qui le réalise. On pense par exemple aux modems numériques actuels, qui peuvent s'adapter facilement aux normes futures par simple reprogrammation.

g) Chaine de traitement de l'information

Il n'existe pas une suite méthodique d'étapes décrivant une opération de traitement du signal, le domaine étant très vaste et les techniques mises en œuvre étant souvent très diverses. Cependant une chaine de traitement du signal comprend généralement les étapes de la figure 7.

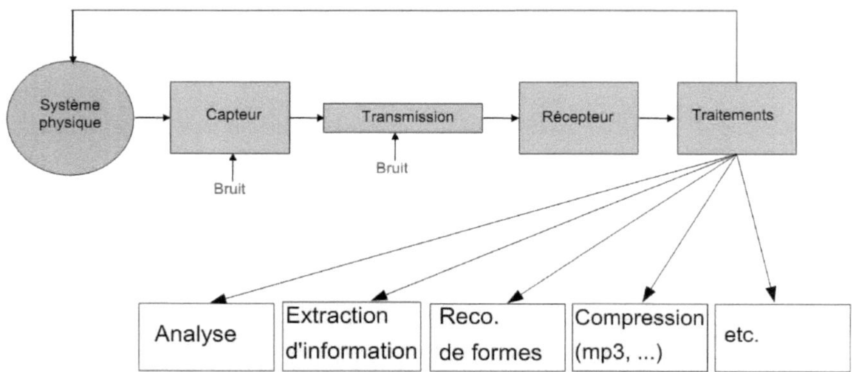

Figure 7 : chaine de traitement de l'information

II-2. Le traitement du signal du cuiseur Mattson

Le cuiseur MATTSON nécessite pour son exploitation un dispositif dont le rôle est de traduire chaque déplacement du piston (grandeur physique) à l'intérieur du grain en un signal exploitable, qui sera ensuite traité pour extraire les informations relatives à la cuisson du haricot. Ce dispositif permettant l'exploitation du cuiseur est donc un dispositif de traitement du signal. En observant la chaine de traitement de l'information de la figure 7, nous pouvons distinguer deux grandes parties : le système physique qui dans notre cas est le cuiseur Matsson, et la chaine de traitement proprement dite qui est le dispositif que nous allons réaliser et adjoindre au cuiseur afin de pouvoir étudier objectivement la cuisson du haricot.

Dans ce dispositif, le rôle des capteurs sera de traduire les déplacements du piston en signaux exploitables, la transmission permettra la mise en forme des signaux avant leurs acheminement vers l'ordinateur (organe de réception : voir figure 7). A ce niveau des logiciels assureront les traitements.

Le chapitre suivant présente les détails sur les divers éléments mis en œuvre pour réaliser notre dispositif de traitement du signal.

CHAPITRE 2 : MATERIEL ET METHODES

I. Le matériel d'étude : les échantillons de haricot

Dans le cadre de cette étude, six variétés différentes de haricot ont été utilisées (voir figure 9). Pour l'ensemble des échantillons nous allons mettre en évidence trois paramètres ayant des influences supposées sur le temps de cuisson du haricot ; plus précisément, nous voulons établir :

- L'influence de la variété de haricot sur le temps de cuisson.
- L'influence de la taille du grain sur le temps de cuisson.
- L'influence de la température de cuisson sur le temps de cuisson.

Les échantillons ont été fournis par un paysan de la région de Ngaoundéré (Dang) ; situé au 7°21' latitude Nord, 13°33' longitude Est et entre 900 et 1100m d'altitude, tous les échantillons ont été cultivés (récoltés en mai 2010), séchés et stockés dans les mêmes conditions. Le climat de la région de Ngaoundéré est de type tropical humide. Les grains ont été nettoyés et sélectionnés manuellement afin d'exclure la poussière, la boue, les brindilles de bois, les roches, les grains immatures ou cassés. Les caractéristiques (figure 8) des grains, longueur (L), largeur (W) et l'épaisseur (T) ont été mesurées à l'aide d'un pied à coulisse au 1/100 et consignées dans le tableau 3.

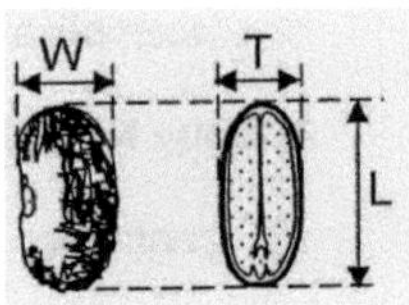

Figure 8 : caractéristiques géométriques du grain

Haricot noir à grains courts

Haricot blanc grains courts

Haricot rouge grains courts

Haricot rouge à grains longs

Haricot blanc grains longs

Haricot tacheté à grains longs

Figure 9 : divers échantillons étudiés

Tableau 1 : caractéristiques des échantillons étudiés

Variété de haricot	Longueur (mm)	Largeur (mm)	Epaisseur (mm)
Haricot noir à grains courts	11	7	4.80
Haricot blanc à grains courts	11.21	6.74	5.53
Haricot rouge à grains courts	11.19	6.74	4.65
Haricot blanc à grains longs	16.42	6.87	6.59
Haricot tacheté à grains longs	15.57	7.73	6.51
Haricot rouge à grains longs	16.47	6.88	6.57

II. Le matériel de conception et de réalisation

Grâce à l'informatique, nous avons eu recours pour la conception du module à la CAO (conception assistée par ordinateur). Le matériel de conception comprend d'une part les éléments matériels : le hardware et d'autre part des outils logiciels : le software.

II-1. Le hardware :

Lors de l'études de conception, nous avons travaillé avec un ordinateur portable de 320 Go de disque dur, de 3 Go de RAM doté d'un processeur AMD dual Core de 1.7 GHz.

La phase de test nécessitant un ordinateur doté d'un port série, nous avons utilisé un ordinateur de bureau de 80 go de disque dur, 512 mo de RAM doté d'un processeur Pentium 4 de 1.2 GHz.

II-2. Le software :

Nous avons eu recours à bon nombres d'outils logiciels dans la phase de conception :

- **Le logiciel Isis de la suite PROTEUS 7.6 :** pour la conception et le dimensionnement du module électronique ;
- **Le logiciel Ares de la suite PROTEUS 7.6** pour la réalisation du typon et la modélisation du module électronique ;
- **MPLAB 8.7.6 :** pour l'édition du programme du microcontrôleur en langage assembleur ;
- **ICPROG 1.06C :** pour charger le programme conçu dans MPLAB dans le

microcontrôleur via le circuit programmateur;

- **Microsoft office visio 2007 :** pour la modélisation UML de notre application avant son codage ;
- **Borland C++ Builder 8.0 :** pour l'implémentation du code c++ de notre application pour le suivi de la cuisson à partir du modèle UML ;
- **Microsoft Visual C++ 2010:** pour l'implémentation de l'application de traitement des données.

II-3. Le matériel de réalisation

Il s'agit :

- Du matériel pour instrumentation électronique: multimètre, fer à souder, pompe à dessouder, étain, plaque à essai, tournevis, composants électroniques etc.
- Du matériel pour programmation de microcontrôleur notamment le circuit programmateur qu'il a fallu concevoir et réaliser au préalable.
- De divers autres matériels de fixation, d'adaptation, etc.

III. Les méthodes

III-1. Méthodologie générale

Pour réaliser le dispositif, nous avons élaborée une démarche générale comprenant trois étapes réparties ainsi qu'il suit :

1. **L'analyse fonctionnelle du système par la méthode SADT** : l'analyse SADT (Structured Analysis and Design Techincs) va permettre à partir du besoin exprimé, d'organiser ces flux de données pour donner une vision globale du système puis par une analyse des niveaux successifs, permettre de préciser de plus en plus finement le rôle de chacun des éléments du système.
2. **Etude conceptuelle de chaque module :** dans cette seconde phase il est question pour nous d'étudier de façon détaillée chaque module issu de l'analyse fonctionnelle.
3. **Assemblage et tests** : dans cette dernière étape nous allons assembler les différents modules réalisés et procéder à des tests récursivement jusqu'à ce qu'ils soient concluants.

A partir de la présentation des différentes étapes ci-dessus, il ressort l'organigramme suivant pour la réalisation de notre dispositif.

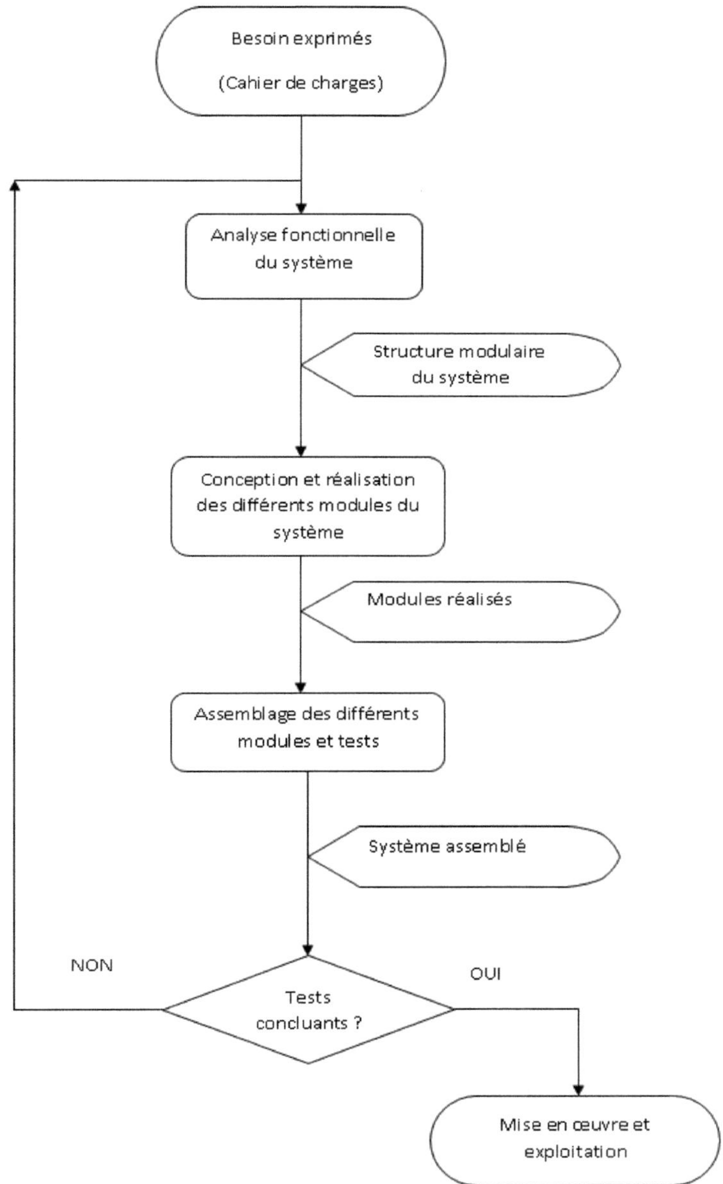

Figure 10 : organigramme de la méthodologie générale

III-2. Analyse fonctionnelle du système par la méthode SADT

Pour mettre en œuvre le dispositif d'implémentation du traitement du signal nous avons eu recours à un outil d'analyse fonctionnelle : la méthode SADT (**S**tructured **A**nalysis and **D**esign **T**echnic).

La méthode SADT permet par analyses successives descendantes, c'est à dire en allant du général vers le détaillé, de décrire graphiquement la finalité ainsi que les sous-fonctions et les agencements internes du système. La méthode SADT est une méthode d'analyse par niveaux successifs d'approche descriptive d'un ensemble aussi complexe qu'il soit. Elle est bien adaptée aux systèmes automatisés.

- Mise en œuvre de la méthode SADT

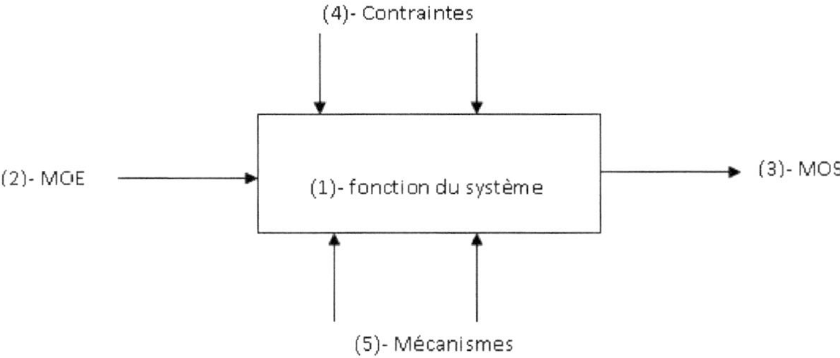

Figure 11 : mise en œuvre de la méthode SADT

(1)- Fonction d'un système : une fonction d'un système est caractérisée par une action sur des matières d'œuvre ou les entrées. Les termes d'une fonction seront du type "Faire sur les entrées pour produire de la valeur ajoutée''.

(2)- MOE matière d'œuvre entrante : les données d'entrée, ou entrées, sont les matières d'œuvre modifiées par la fonction du système.

(3)- MOS matière d'œuvre sortante : ce sont principalement les matières d'œuvre munies de leur valeur ajoutée.

Valeur ajoutée (VA) = Valeur supplémentaire apportée à la matière d'œuvre après passage dans le système.

Valeur ajoutée = Matière d'œuvre état sortant - Matière d'œuvre état entrant, (3) – (2)

(4)- Contraintes d'énergie, de réglage, de configuration et d'exploitation. Ce sont les paramètres qui déclenchent ou modifient la réalisation d'une fonction :

- données de contrôle énergétique
- données de contrôle de réglage, d'exploitation et de configuration

(5)- Mécanismes ou processeurs.

Ce sont les éléments physiques ou technologiques qui réalisent la fonction.

Niveau d'analyse

Le diagramme de haut niveau est noté A-0 (A moins zéro) et représente l'ensemble du problème. Le diagramme de niveau inférieur A0 se décompose en n boites (A1 à An) donnant n diagrammes de niveau inférieur de même nom. De même A1 se décompose en plusieurs boites et niveaux A11, A12, etc. même remarque pour A2, A3...

Pour éviter la surabondance on utilise de 3 à 6 boites par niveau, celles-ci sont toujours numérotées 1, 2, 3...

III-3. Le langage de modélisation UML 2.0

Afin de pouvoir acquérir les données depuis le PC, un programme est nécessaire. Nous utiliserons pour la conception de notre application l'outil de modélisation UML 2.0 et pour le codage en C++, le logiciel Borland C^{++} Builder. Avant de commencer le développement de notre application, il est nécessaire de se familiariser avec le langage de modélisation UML et l'environnement du logiciel Borland C^{++} Builder.

III-3. 1 Approche orientée objet

L'approche orientée objet considère le logiciel comme une collection d'objets dissociés, identifiés et possédant des caractéristiques. Une caractéristique est soit un attribut (i.e. une donnée caractérisant l'état de l'objet), soit une entité comportementale de l'objet (i.e. une fonction). La fonctionnalité du logiciel émerge alors de l'interaction entre les différents objets qui le constituent. L'une des particularités de cette approche est qu'elle rapproche les données et leurs traitements associés au sein d'un unique objet, l'ensemble des objets d'une même famille étant rassemblé au sein d'une classe permettant de les instancier (Kamla, 2010). Comme nous venons de le dire, un objet est caractérisé par plusieurs notions :

L'identité : L'objet possède une identité, qui permet de le distinguer des autres objets, indépendamment de son état. On construit généralement cette identité grâce a un identifiant découlant naturellement du problème (par exemple un produit pourra être repéré par un code, une voiture par un numéro de série, etc.)

Les attributs : Il s'agit des données caractérisant l'objet. Ce sont des variables stockant des informations sur l'état de l'objet.

Les méthodes : Les méthodes d'un objet caractérisent son comportement, c'est-a-dire l'ensemble des actions (appelées opérations) que l'objet est a même de réaliser. Ces opérations permettent de faire réagir l'objet aux sollicitations extérieures (ou d'agir sur les autres objets). De plus, les opérations sont étroitement liées aux attributs, car leurs actions peuvent dépendre des valeurs des attributs, ou bien les modifier.

La difficulté de cette modélisation consiste à créer une représentation abstraite, sous forme d'objets, d'entités ayant une existence matérielle (chien, voiture, ampoule, personne) ou bien virtuelle (client, temps).

La Conception Orientée Objet (COO) est la méthode qui conduit à des architectures logicielles fondées sur les objets du système, plutôt que sur la fonction qu'il est censé réaliser. En résumé, l'architecture du système est dictée par la structure du problème.

III-3. 2 Modélisation avec UML

La description de la programmation par objets a fait ressortir l'étendue du travail conceptuel nécessaire : définition des classes, de leurs relations, des attributs et méthodes, des interfaces etc.

Pour programmer une application, il ne convient pas de se lancer tête baissée dans l'écriture du code : il faut d'abord organiser ses idées, les documenter, puis organiser la réalisation en définissant les modules et étapes de la réalisation. C'est cette démarche antérieure à la production du code qu'on appelle modélisation ; son produit est un modèle.

Dans le cycle de développement d'un projet logiciel, la modélisation du projet en langage UML (Unified Modeling Language) revêt une grande importance. En effet c'est notamment à travers la modélisation des cas d'utilisation du projet UML que la bonne compréhension de l'expression des besoins décrits dans une spécification fonctionnelle devient manifeste. Le projet UML permet de décliner la conception technique du projet, permettant ainsi une meilleure implémentation par le développeur. Le projet UML sert aussi d'outil de communication efficace du projet.

UML 2.0 comporte ainsi treize types de diagrammes représentant autant de vues distinctes pour représenter des concepts particuliers du système d'information. Ils se répartissent en deux grands groupes :

Diagrammes structurels ou diagrammes statiques (UML Structure)

- diagramme de classes (Class diagram) ;
- diagramme de composants (Component diagram) ;
- diagramme de déploiement (Deployment diagram) ;
- diagramme de paquetages (Package diagram) ;
- diagramme de structures composites (Composite structure diagram).

Diagrammes comportementaux ou diagrammes dynamiques (UML Behavior)

- diagramme de cas d'utilisation (Use case diagram) ;
- diagramme d'activités (Activity diagram) ;
- diagramme d'états-transitions (State machine diagram) ;
- Diagrammes d'interaction (Interaction diagram).
    - diagramme de séquence (Sequence diagram) ;
    - diagramme de communication (Communication diagram) ;
    - diagramme global d'interaction (Interaction overview diagram) ;
    - diagramme de temps (Timing diagram).

Ces diagrammes, d'une utilité variable selon les cas, ne sont pas nécessairement tous produits à l'occasion d'une modélisation. Les plus utiles pour la maitrise d'ouvrage sont les diagrammes d'activités, de cas d'utilisation, de classes, d'objets, de séquence et d'états-transitions. Les diagrammes de composants, de déploiement et de communication sont surtout utiles pour la maîtrise d'œuvre à qui ils permettent de formaliser les contraintes de la réalisation et la solution technique.

Dans le cadre de notre modélisation, nous produirons le diagramme cas d'utilisations, le diagramme classe, et le diagramme de composants.

IV. Etude conceptuelle du système

Cette partie présente en détails les différentes phases de conception, de réalisation et de dimensionnement de notre système, ceci inclut la présentation de certains résultats intermédiaires. Cependant, les résultats les plus significatifs seront exposés dans la partie qui leur est consacrée. Nous commencerons par les étapes de la mise en œuvre de l'analyse fonctionnelle, puis nous présenterons la conception et le dimensionnement des différents modules de notre carte d'acquisition électronique, nous terminerons par la modélisation UML de notre application informatique.

IV-1. Analyse fonctionnelle du système

Nous avons procédé à une décomposition fonctionnelle de notre système en trois niveaux : le niveau global A-O, qui permet de saisir la fonction principale du système. Les deux autres sous-niveaux doivent nous permettre de statuer sur les organes constitutifs de notre système, assortis chacun de sa fonction et des informations nécessaires pour sa mise en œuvre.

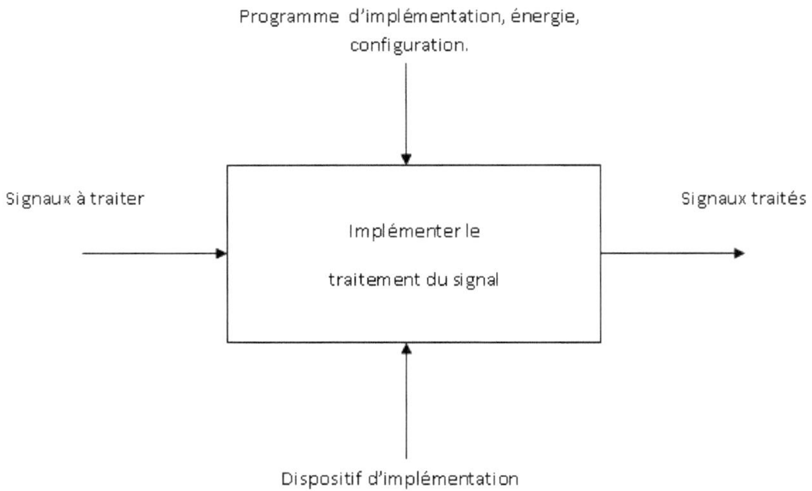

Figure 12 : diagramme SADT de notre système

Pour aboutir à un découpage modulaire la fonction principale doit être décomposée en sous-fonctions.

Analyse SADT du système : niveau A-2 : étude de la fonction numériser les signaux

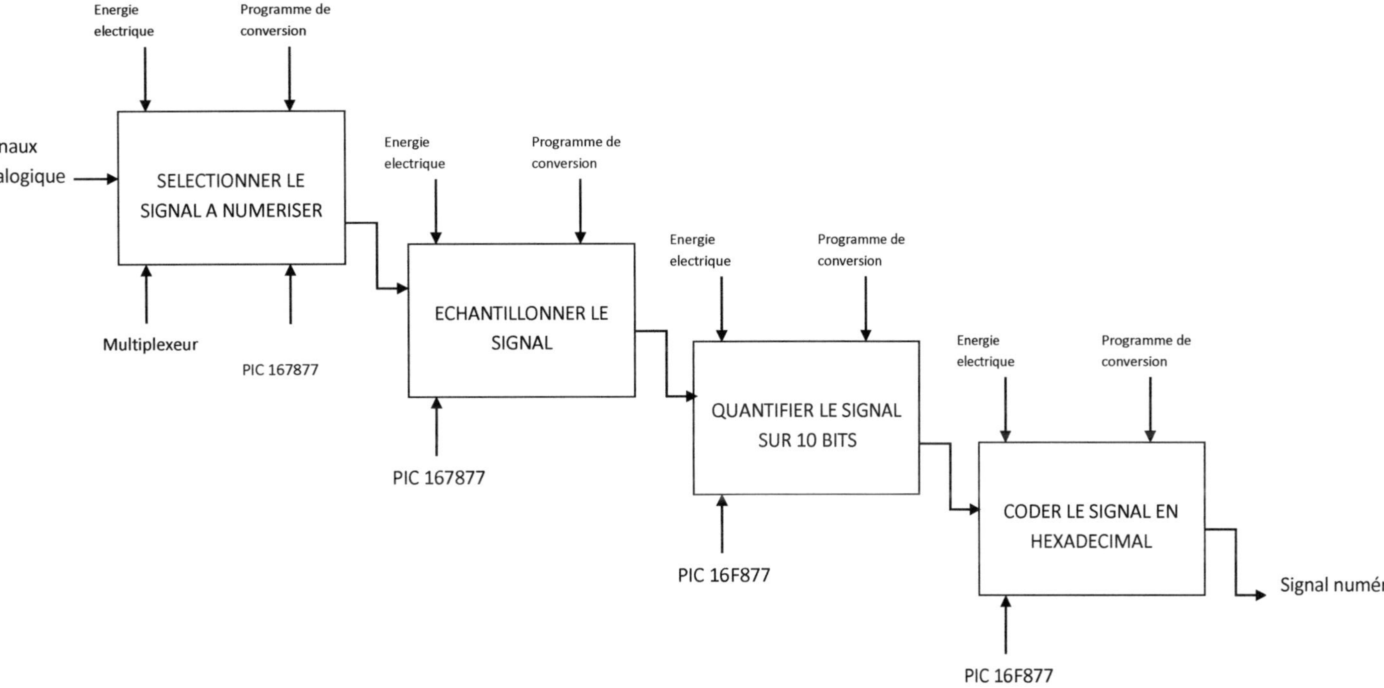

Analyse SADT du système : niveau A-2 : étude de la fonction transmettre les signaux

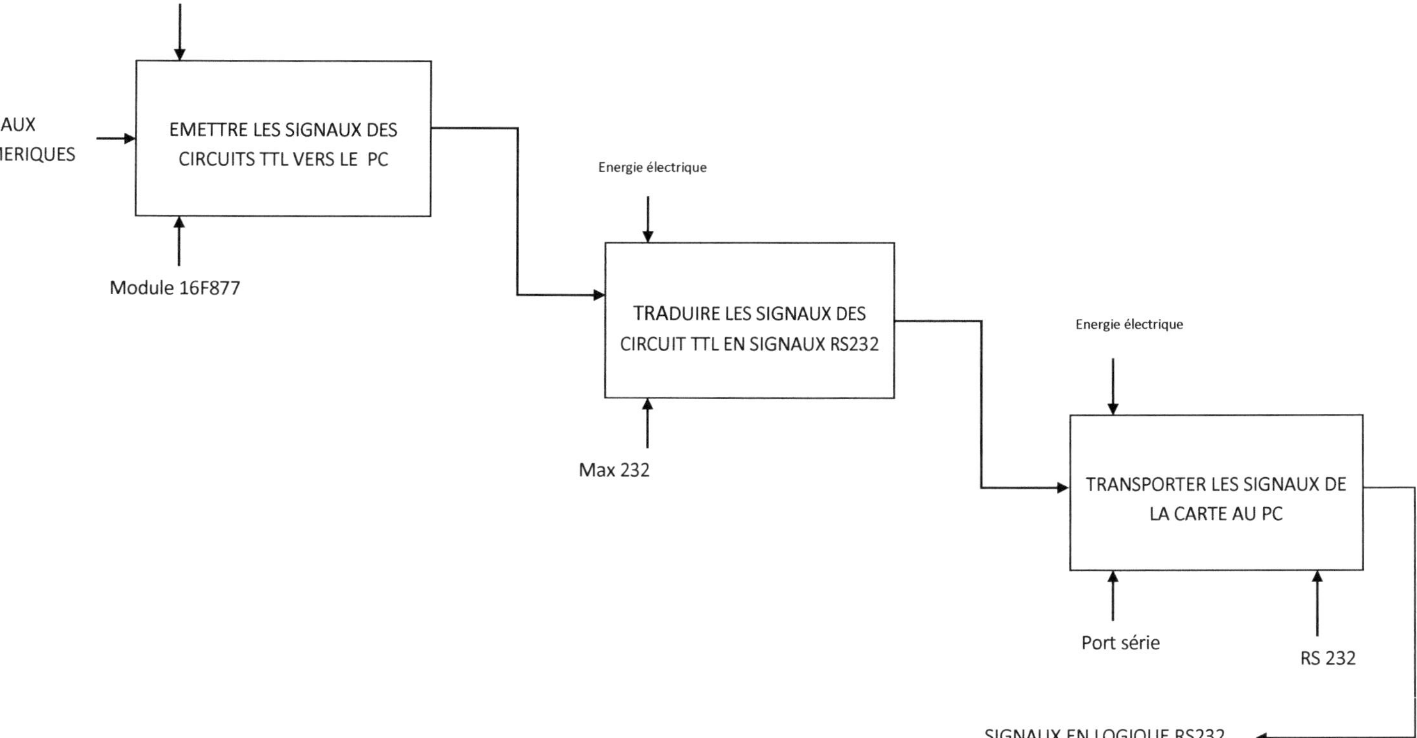

IV-2. Conception du module d'acquisition

Il est question dans un premier temps de concevoir un module d'acquisition capable de prendre en entrée le nombre de grandeurs désirées par le cahier de charges et de les transmettre au port série. Dans cette partie nous présentons les étapes les plus importantes de la conception de notre module, tous les autres détails se trouvant dans le mémoire d'ingénieur de Fokam (Fokam, 2011).

Le module d'acquisition comportera comme dit plus haut (voir analyse fonctionnelle) du bloc multiplexage, du microcontrôleur PIC16F877 et du bloc interface.

IV-2. 1 Principe de fonctionnement

Dès la mise sous tension, le module doit signaler à l'ordinateur qu'il est connecté et attend la réponse de ce dernier. Une fois la réponse connue, il commence par défaut la conversion analogique-numérique des seize signaux et envoi des données au PC. Les grandeurs seront converties l'une après l'autre dans le PIC, traitées et envoyées à l'ordinateur via le bloc d'interfaçage dont le rôle sera de faire correspondre les ordres de grandeurs des niveaux logiques entre le module électronique et le port série. Durant son fonctionnement, le module sera toujours en attente d'un nouvel ordre venant de l'ordinateur. A la réception de cet ordre, le PIC sélectionnera les entrées concernées tout d'abord de façon externe en sélectionnant les multiplexeurs puis de manière interne en se branchant au canal désiré et lancera le processus de conversion. N'oublions toutefois pas que le PIC étant beaucoup plus rapide que les multiplexeurs, il s'écoulera un temps d'environ 1µs (temps maximal de commutation des multiplexeurs) entre la sélection de ces derniers et le lancement du processus de conversion afin d'être sûr de leur commutation. La sélection des multiplexeurs se fera par la pin RD7 du PIC. Ce module nécessitera une alimentation de +5Volts, des multiplexeurs, d'un microcontrôleur, d'un circuit d'interfaçage entre le module électronique et l'ordinateur.

L'alimentation

Comme dit plus haut l'alimentation devra fournir de l'énergie au module d'acquisition qui nécessite une tension de cinq volts, mais aussi pouvoir alimenter les dispositifs de mise en forme des différents capteurs. Cette alimentation sera constituée d'un transformateur et de deux régulateurs. Le transformateur délivre par rapport à sa masse une tension de +12 Volts alternative qui sera ensuite redressée et convertie en tension continue par le pont de diodes et deux condensateurs. Cette tension sera ensuite régulée par deux régulateurs et de nouveau filtrée pour alimenter les circuits de mise en forme et le montage (Kamta, 2008). Enfin toutes les masses des régulateurs seront reliées entre elles et aux condensateurs de filtrage et iront toutes à la masse du transformateur.

Les multiplexeurs

Le Convertisseur Analogique/Numérique ne peut prendre que huit grandeurs à la fois. Afin de mesurer toutes les grandeurs, notre montage sera doté en entrée de multiplexeurs chargés de sélectionner les capteurs par vagues de huit sous ordre du circuit de conversion.

Chaque multiplexeur permet de recueillir six grandeurs et de les transmettre par vagues de trois sur les entrées du convertisseur A/N. Pour les 16 grandeurs, il faudra donc un total de trois multiplexeurs, les deux dernières entrées du troisième multiplexeur resteront inutilisées.

Les entrées « INH » permettent la sélection de chaque circuit. Un niveau bas sur ces entrées met les multiplexeurs respectifs en service. Les multiplexeurs étant continuellement en service, ces entrées seront donc reliées à la masse.

Les entrées A, B et C permettent la sélection des entrées. Pour un niveau bas sur ces entrées, les entées X0, Y0 et Z0 sont en service et pour un niveau haut, les entrées X1, Y1 et Z1 sont en service. Après la conversion des huit premières grandeurs, le circuit de sélection positionnera les entrées A, B et C pour la conversion des huit suivantes.

L'organe central : Le microcontrôleur PIC16F877

Un **PIC** n'est rien d'autre qu'un microcontrôleur, c'est à dire une unité de traitement de l'information de type microprocesseur à laquelle on a ajouté des périphériques internes permettant de réaliser des montages sans nécessiter l'ajout des composants externes.

Il est le composant principal du module d'acquisition, car réalisera la conversion des tensions analogiques, la sélection des multiplexeurs et la transmission série à l'ordinateur. Ce composant programmable est doté d'un convertisseur à 8 canaux de dix bits capable de convertir des signaux allant jusqu'à 20Khz. Il est aussi doté d'un module de communication USART pouvant être interfacé avec le port série d'un ordinateur. Il sera chargé de convertir les signaux analogiques reçus 1 par 1 par vague de huit et de les transmettre à l'ordinateur via le circuit d'interfaçage. Le PIC sera cadencé par un quartz de 20Mhz afin d'obtenir un temps de conversion optimal donc une plus grande période d'échantillonnage pour nos grandeurs.

Le circuit d'interfaçage

Ce bloc est réalisé autour du MAX232 qui réalisera l'interfaçage entre le port série de l'ordinateur et le module d'acquisition. C'est un double convertisseur de tension. Il convertit les tensions 0V et 5V du PIC en tensions +12V/-12V pour le port série et réciproquement.

En effet, les signaux transmis par le module d'acquisition seront générés sous forme binaire. Un niveau haut se traduira par une tension positive de + 5Volts et un niveau bas par une tension nulle (0Volts). Toutefois le port série de l'ordinateur lui reconnait un niveau logique haut par une tension négative de -12Volts et un niveau bas par une tension positive de +12Volts, d'où la nécessité du MAX232.

La communication sera bidirectionnelle et se fera sur deux canaux; le MAX232 étant un double convertisseur, peut gérer ce type de communication. Le premier canal sera réservé à l'envoi des données et la sélection des grandeurs à échantillonner et le second canal au dialogue entre le module d'acquisition et l'ordinateur. Le circuit d'interfaçage devra aussi relier la masse de l'ordinateur à celle du module d'acquisition via le port série.

Une fois tous les éléments constitutifs de notre module identifiés, dimensionnés (pour les détails du dimensionnement, voir les annexes), nous obtenons le circuit électronique de la figure 13.

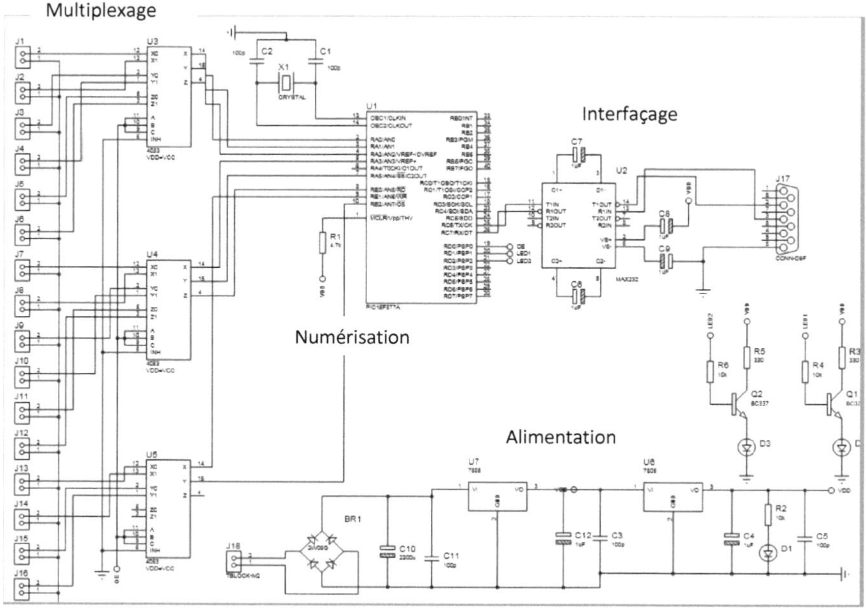

Figure 13 : schéma du module électronique d'acquisition

La partie électronique de notre module d'acquisition a été conçue. Toutefois ce module n'est pas encore fonctionnel car le microcontrôleur PIC n'est pas encore programmé donc ne peut rien convertir, transmettre ou commander. Sa programmation sera assez complexe car le programme sera directement écrit en assembleur pour des raisons d'optimisation.

IV-3. Programmation du microcontrôleur

Cette partie est consacré à la réalisation du programme du microcontrôleur PIC, composant principal de notre carte d'acquisition. Elle obéit à certaines contraintes comme dit plus haut, car étant donné le nombre de grandeurs à convertir, le PIC devra fonctionner à un rythme soutenu mais aussi tenir compte de son environnement. Nous donnerons donc ici un algorithme et un organigramme de notre programme.

Algorithme et organigramme du programme

L'algorithme et l'organigramme que nous proposons utiliseront le langage courant afin de permettre à l'utilisateur de s'y retrouver sans besoin de pré-requis en programmation. Comme il serait long et fastidieux pour le lecteur de se retrouver dans un organigramme détaillé du programme, nous proposerons d'abord un organigramme général du programme montrant les principales étapes puis un algorithme un peu plus détaillé. Quelques éclaircissements seront ensuite donnés afin de cerner tout le fonctionnement du programme. La compréhension de ce principe est nécessaire pour la suite qui concerne l'application à concevoir dans le PC fonctionnant en étroite relation avec notre maquette donc indirectement avec notre programme. Toutefois bien qu'utilisant le langage courant, ils reflèteront de manière assez fidèle le programme réalisé et inséré dans le microcontrôleur PIC.

a) Organigramme du programme

Voici un organigramme général du programme réalisé dans le PIC.

1) Initialisation du PIC
2) Activation de la réception depuis le PC et lancement de la conversion par défaut
    - Programme de conversion des seize grandeurs
    - Transmission au PC du résultat de la conversion
3) Tester si un message a été reçu durant la dernière transmission ?
    - Non un message n'a pas été reçu : retour au point no2
    - Oui un message a été reçu : saut au point no4
4) Décodage du message
5) Sélection du multiplexeur correspondant
6) Attendre la commutation du multiplexeur
7) Sélectionner l'entrée correspondante du convertisseur
8) Lancer la conversion
9) Lancer la transmission
10) Tester si un message a été reçu durant la dernière transmission ?

- Non, aller au point no8
- Oui, aller au point no4

b) Algorithme du programme

Il est à noter que la réception des messages venant du PC par le PIC ne se fera pas de façon synchrone durant l'exécution du programme (ce qui nécessiterait une boucle dans notre programme donc nous ne pourrons rien faire durant l'attente du message) mais par une rupture asynchrone de l'exécution de notre programme : une interruption. Une routine d'interruption est un sous-programme particulier, déclenché par l'apparition d'un événement spécifique; dans notre cas, cet événement sera la réception d'un message depuis le PC. A la réception du message, Une interruption sera déclenchée; dans cette interruption, le message reçu est sauvegardé, puis le pic procède à la vérification des erreurs sur ledit message. Ensuite il positionne un bit afin de signaler au programme principal qu'un message a été reçu, puis éventuellement les bits correspondants aux erreurs survenues. Le PIC finira alors de traiter la transmission en cours puis ira vérifier si un message a été reçu, coupera toute transmission afin de traiter ce message. Ce mode de réception est utilisé car le PIC peut recevoir des données en même temps qu'il en envoie (liaison full duplex) et lorsque un message est reçu et qu'une interruption est générée, à la fin de l'interruption, le programme principal reprend son exécution là où elle s'était interrompue sans toutefois savoir qu'un message a été reçu. Il nous revient donc de le lui signaler au moment opportun. Cette rupture asynchrone est la raison pour laquelle le programme de réception d'un message ne sera pas inséré dans l'algorithme de notre programme mais plutôt sur le côté car pouvant s'exécuter à n'importe quel moment. Afin que le PC puisse savoir quelle grandeur on échantillonne, la transmission des résultats au PC se fera selon le format de la figure 14 :

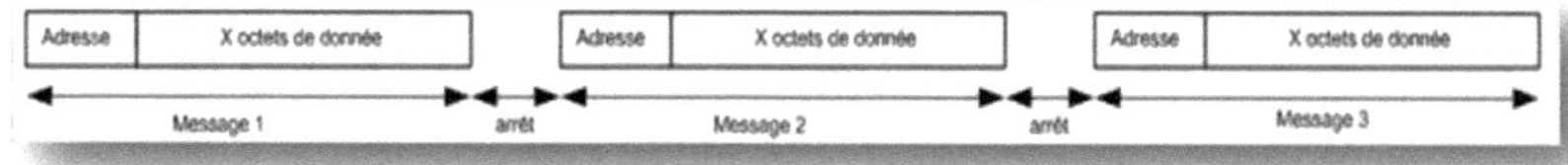

Figure 14 : format de transmission des données

Avant la conversion, d'un signal, le programme calculera d'abord son adresse (sa position). Il en découle donc l'algorithme de la figure 15:

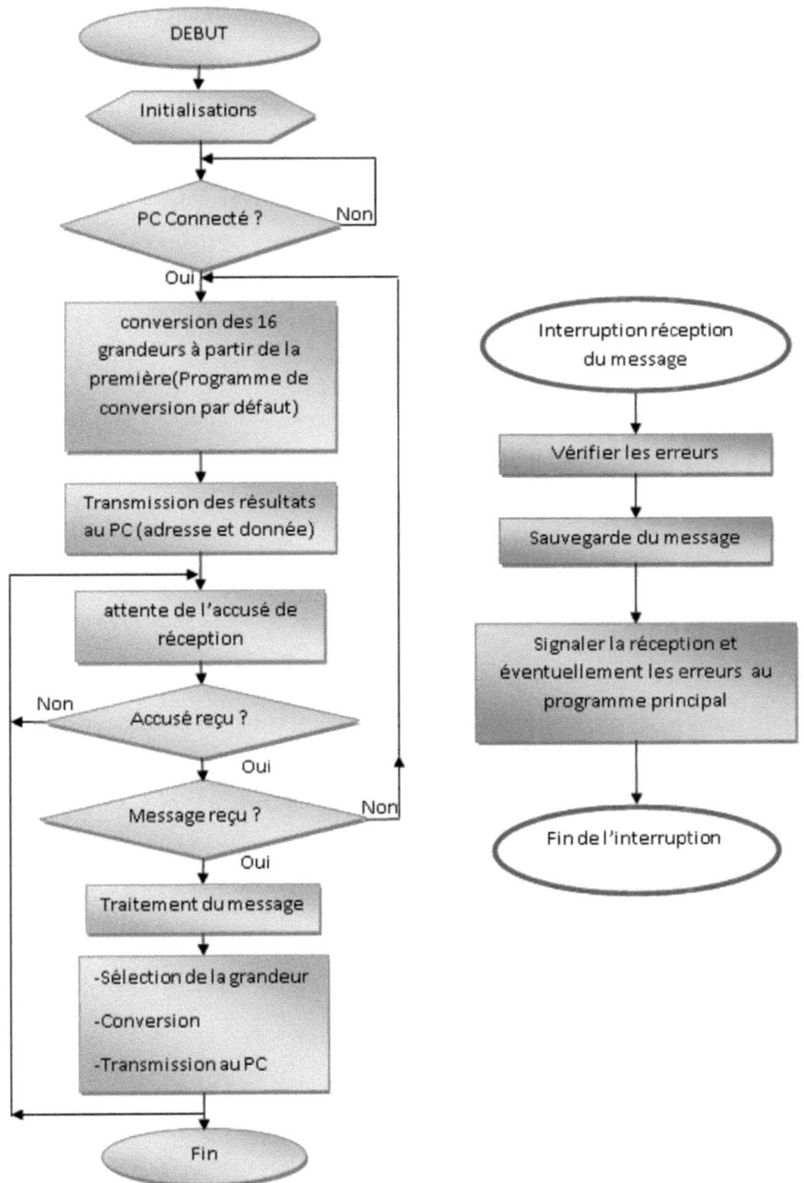

Figure 15 : algorithme du programme du microcontrôleur

Cet algorithme (figure 15) décrit le cycle d'exécution des différentes séquences du programme. Chaque bloc correspondant à l'exécution d'un ou de plusieurs sous programmes.

- Le programme commence par l'initialisation des variables que nous utiliserons dans le programme. Elles serviront notamment à la sélection des différentes entrées et des multiplexeurs, au stockage des messages reçus, à la signalisation des erreurs etc.
- Après ces initialisations, le programme attendra donc que le PC soit connecté avant de commencer toute conversion. La confirmation de la disponibilité du port série se faisant depuis l'application que nous implémenterons dans le paragraphe suivant.

- Dès que le PC est connecté, la conversion commence. Par défaut, toutes les seize grandeurs sont converties et transmisses au PC l'une après l'autre. Après chaque cycle (conversion + transmission d'une grandeur), le PIC retourne vérifier si aucun message n'a été émis par le PC par le principe des interruptions expliqué plus haut.
- Ce programme s'exécutera jusqu'à la réception du message, et le PIC procèdera ensuite à la vérification des erreurs. On a deux types d'erreurs possibles pour notre module :

  ✓ L'erreur de trame : elle se produit à la fin de la transmission, la ligne n'est pas au niveau par défaut (niveau haut). Dans ce cas d'erreur, le PIC ignorera donc simplement le message reçu et continuera la tâche en cours.
  ✓ L'erreur d'overflow (débordement) : Elle se produit lorsque le message reçu n'as pas été traité suffisamment vite. Dans ce cas, seul le dernier message est considéré et la transmission est réinitialisée.

- Le PIC prend ensuite la décision qui s'impose après traitement du message et sélectionne le signal à échantillonner ou stoppe simplement la transmission.

IV-4. Développement de l'application informatique

La réalisation du module d'acquisition terminée, le module ne peut toujours être exploité, car le PC ne dispose pas encore d'un logiciel pour communiquer avec lui. Le logiciel Borland C++ Builder est un environnement de développement basé sur C++ proposé par Borland. Fort du succès de Delphi, Borland a repris la philosophie, l'interface et la bibliothèque de composants visuels de ce dernier pour l'adapter depuis le langage Pascal Orienté Objet vers

C++ répondant ainsi à une large faction de programmeurs peu enclins à l'utilisation du Pascal qu'ils jugent quelque peu dépassé. Borland C++ est un outil RAD, c'est à dire tourné vers le développement rapide d'applications (Rapid Application Development) sous Windows. En un mot, C++ Builder permet de réaliser de façon très simple l'interface des applications et de relier aisément le code utilisateur aux événements Windows, quelle que soit leur origine (souris, clavier, événement système, différents ports etc.). Pour ce faire, C++ Builder repose sur un ensemble très complet de composants visuels prêt à l'emploi (Claude Delannoy, 2005). La quasi-totalité des contrôles de Windows (boutons, boîtes de saisies, listes déroulantes, menus et autres barres d'outils) y sont représentés, regroupés par famille. Leurs caractéristiques sont éditables directement dans une fenêtre spéciale intitulée éditeur d'objets. L'autre volet de cette même fenêtre permet d'associer du code au contrôle sélectionné. Il est possible d'ajouter à l'environnement de base des composants fournis par des sociétés tierces et même d'en créer soit même.

IV-4. 1 Modélisation UML de l'application

Pour la conception de l'application nous avons utilisé trois diagrammes UML pour décrire les différentes fonctionnalités de l'application et faciliter ainsi son codage. Dans cette partie nous décrivons brièvement chaque diagramme utilisé et nous présentons ensuite les résultats de l'application de ce diagramme dans la conception de l'application. Les diagrammes sont obtenus grâce au logiciel Microsoft office Visio qui contient un module pour la conception UML

a) Le diagramme cas d'utilisation

Le diagramme cas d'utilisation permet de recueillir, d'analyser, d'organiser les besoins, et de recenser les grandes fonctionnalités d'un système. Il s'agit donc de la première étape UML d'analyse d'un système. La figure 16 montre le diagramme cas d'utilisation de l'application.

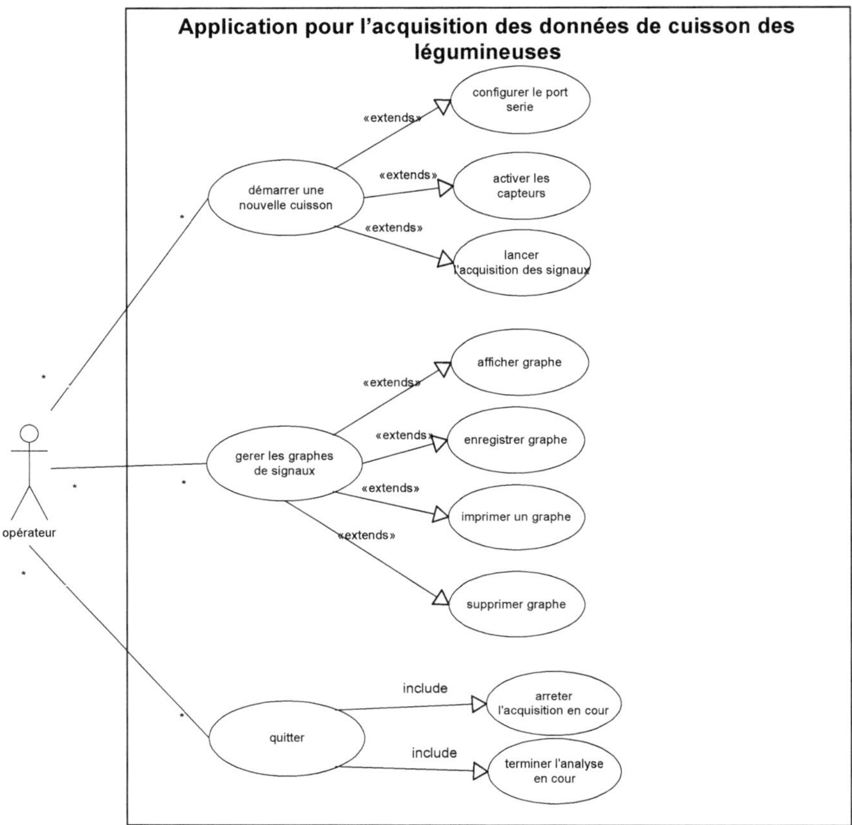

Figure 16 : diagramme cas d'utilisation de l'application

On observe sur ce diagramme un acteur et les différents cas d'utilisation.

Un acteur (représenter par un bonhomme) est l'idéalisation d'un rôle joué par une personne externe, un processus ou une chose qui interagit avec un système. Pour notre application l'acteur est l'opérateur qui configure et utilise l'application.

Un cas d'utilisation (représenter par une éclipse) est une unité cohérente représentant une fonctionnalité visible de l'extérieur. Il réalise un service de bout en bout, avec un déclenchement, un déroulement et une fin, pour l'acteur qui l'initie. Un cas d'utilisation modélise donc un service rendu par le système, sans imposer le mode de réalisation de ce service.

b) Le diagramme de classes

Le diagramme de classes est considéré comme le plus important de la modélisation orientée objet, il est le seul obligatoire lors d'une telle modélisation. Alors que le diagramme de cas d'utilisation montre un système du point de vue des acteurs, le diagramme de classes en montre la structure interne. Il permet de fournir une représentation abstraite des objets du système qui vont interagir ensemble pour réaliser les cas d'utilisation.

Tout d'abord, introduisons la notion de classe. Il s'agit d'un type de données abstrait qui précise des caractéristiques (attributs et méthodes) communes à toute une famille d'objets et qui permet de créer (instancier) des objets possédant ces caractéristiques.

Une classe est la description formelle d'un ensemble d'objets ayant une sémantique et des caractéristiques communes.

Un objet est une instance d'une classe. C'est une entité discrète dotée d'une identité, d'un état et d'un comportement que l'on peut évoquer. Les objets sont des éléments individuels d'un système en cours d'exécution.

Une classe est généralement représentée par un rectangle divisé en trois compartiments dont le premier indique le nom de la classe, le second les attributs et le troisième les méthodes.

Les attributs définissent des informations qu'une classe ou un objet doivent connaitre. Ils représentent les données encapsulées dans les objets de cette classe. Chacune de ces informations est définie par un nom, un type de données, une visibilité et peut être initialisée. Le nom de l'attribut doit être unique dans la classe.

Les méthodes : Les méthodes d'un objet caractérisent son comportement, c'est-a-dire l'ensemble des actions (appelées opérations) que l'objet est à même de réaliser. Ces opérations permettent de faire réagir l'objet aux sollicitations extérieures (ou d'agir sur les autres objets). De plus, les opérations sont étroitement liées aux attributs, car leurs actions peuvent dépendre des valeurs des attributs, ou bien les modifier.

Le diagramme classe modélisant au mieux la conception de notre application est donné à la figure 17.

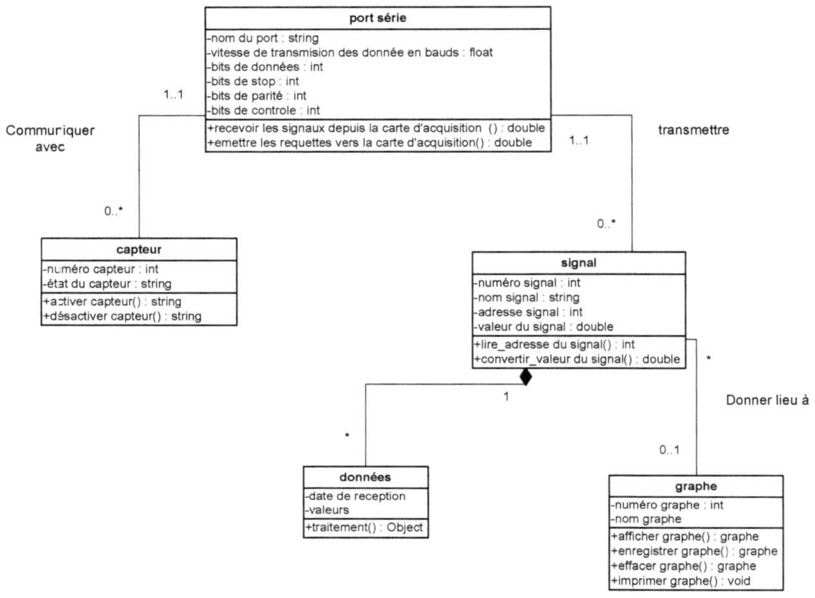

Figure 17 : diagramme classe de l'application

Ce diagramme décrit les exigences de notre application à savoir :

- Chaque capteur ne peut communiquer qu'avec un seul port série à la fois alors qu'un port série peut communiquer avec plusieurs capteurs.
- Un port série peut transmettre plusieurs signaux, mais chaque signal ne peut provenir que d'un seul port série.
- Les données et les graphes analysés découlent directement des signaux relevés.

c) Le diagramme de composant

La notion de classe, de par sa faible granularité et ses connexions figées (les associations avec les autres classes matérialisent des liens structurels), ne constitue pas une réponse adaptée à la problématique de la réutilisation.

Pour faire face à ce problème, les notions de patrons et de canevas d'applications ont percées dans les années 1990 pour ensuite laisser la place à un concept plus générique et fédérateur : celui de composant.

La programmation par composants constitue une évolution technologique soutenue par de nombreuses plateformes (composants EJB, CORBA, .Net, WSDL...). Ce type de programmation met l'accent sur la réutilisation du composant et l'indépendance de son évolution vis-à-vis des applications qui l'utilisent.

Un composant doit fournir un service bien précis. Les fonctionnalités qu'il encapsule doivent être cohérentes entre elles et génériques (par opposition à spécialisées) puisque sa vocation est d'être réutilisable.

Un composant est une unité autonome représentée par un classeur structuré, stéréotypé ' component ', comportant une ou plusieurs interfaces requises ou offertes. Son comportement interne, généralement réalisé par un ensemble de classes, est totalement masqué : seules ses interfaces sont visibles. La seule contrainte pour pouvoir substituer un composant par un autre est de respecter les interfaces requises et offertes.

Dans le but d'assurer la réutilisabilité de notre application, voici les principaux composants de Borland C++ Builder que nous avons utilisés pour réaliser notre application :

Le composant TComPort

Le composant TcomPort permet d'émettre et de recevoir les données via le port série du PC (on parle alors de «piloter le port série »). Il n'est pas disponible dans Borland C++ Builder lors de l'installation, mais utilise toutefois des événements définis par le système d'exploitation Windows pour la configuration et la gestion des ports séries (Vincent Petit, 2003). C'est le principal composant de notre application car il réalise la gestion des données acquises depuis le port série. Avant son utilisation, il est nécessaire de choisir le port à utiliser, de configurer la vitesse de transfert des données, de choisir ou non le bit de parité la longueur d'un mot et le nombre de bits de stop. L'événement Windows que nous utiliserons pour l'acquisition de nos données depuis le module d'acquisition sera l'événement **OnRxChar.** Il permet de signaler au programme qu'une donnée de la taille de la mémoire tampon a été reçue. C'est dans cet événement que nous manipulerons nos données. La taille de la mémoire tampon sera de deux octets : le premier sera pour l'adresse de la donnée (le numéro de la grandeur d'où provient l'échantillonnage, numéro compris entre 0 et 16) et le second sera la donnée proprement dite (valeur numérique du signal).

Le composant TChart

Un TChart est un composant permettant de réaliser des graphiques pour représenter les chiffres. Il peut représenter un repère orthonormé, un histogramme, ou divers types de diagrammes. Le repère orthonormé permet d'afficher de plusieurs manières : points reliés, nuage de points, vecteurs, zones. Chaque série de données est représentée dans une "Series". Nous utiliserons donc seize séries pour représenter nos seize grandeurs dans notre application. Ce composant nous offre la possibilité via des lignes de code de rendre dynamique la représentation des données par des fonctions telles que le zoom, le défilement des données et la sauvegarde des graphes.

Le composant TMemo

C'est un composant permettant de rassembler les données dans une fiche appelée **Memo.** Ces données pourront ensuite être sauvegardées dans un fichier dont le type nous convient. Nous l'utiliserons dans notre application pour rassembler les données provenant de chaque grandeur afin de les stocker séparément dans des fichiers texte. Nous avons choisi ce type de fichier car il ne nécessite aucune application pour être lu et pourra facilement être importé dans une base de données en une seule commande depuis MySQL par exemple.
A partir de ces composants nous avons donc ressortit le diagramme composants de la figure 18.

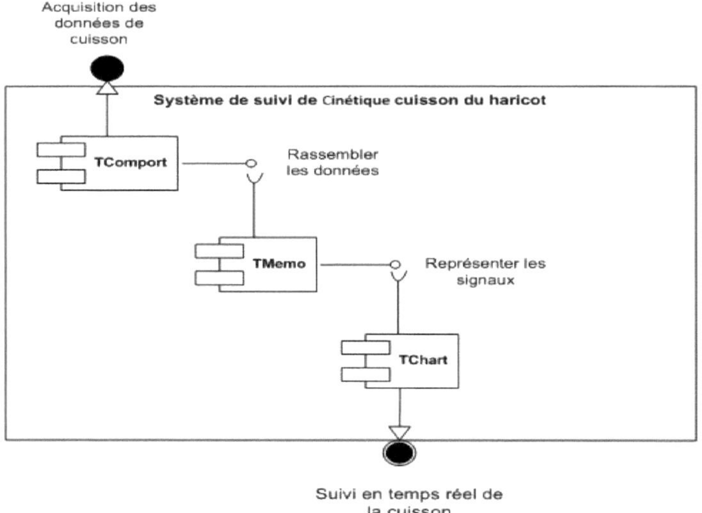

Figure 18 : diagramme de composant de l'application

Après avoir ainsi modélisé notre application, nous avons implémenté son codage en C++ dans le logiciel de programmation orienté objet BORLAND C++ BUILDER.

Dès lors que nous avons acquis et sauvegardé les données expérimentales grâce au module électronique et à l'application d'acquisition, il est important pour nous de substituer à cet ensemble de données (volumineux) un modèle mathématique (on parle de régression) qui décrit le mieux possible les données en vue de faciliter leur l'analyse; il s'agit donc de la modélisation des signaux. Pour cela il faut réaliser une application bâtit autour d'un algorithme particulier dont le rôle sera de confronter les données expérimentales à un modèle mathématique et de dire si réellement le modèle traduit les données, puis de fournir les paramètres (dudit modèle) dont l'interprétation permettra de dévoiler les informations relatives au phénomène physique étudié (la cuisson haricot dans notre cas). Le paragraphe suivant présente tout d'abord l'intérêt de la modélisation en traitement du signal, ensuite décrit la méthode que nous avons utilisée.

V. Modélisation des signaux

V-1. La modélisation en traitement du signal

Traiter un signal, c'est extraire de l'information des mesures effectuées par des capteurs en vue d'atteindre un but donné. Ce but peut aller de la compréhension du monde physique (les physiciens, les météorologues, les géologues, les chimistes ou les biologistes, etc.) à l'action sur ce monde (en robotique, dans les applications militaires, etc.) en passant par la reconstruction d'un message transmis au moyen d'un médium physique, comme une onde, utilisé pour le transporter (c'est le cas des sons, des signaux de télécommunications, des signaux sonar ou radar). Ceci couvre des domaines d'applications extrêmement variés: dès qu'on utilise un capteur pour mesurer une quantité, on est amené à effectuer un traitement. Un schéma général est donné par la figure 19. Après avoir effectué les traitements de bas niveau et de niveau intermédiaire (confère figure 19), il est le plus souvent nécessaire de substituer aux valeurs du signal obtenu un modèle mathématique enfin de faciliter la suite des traitements tels que l'analyse, l'extraction d'informations, la prédiction etc. Les méthodes de modélisation couvrent un vaste champ d'outils que l'on peut grossièrement regrouper en deux catégories : les méthodes algébriques (réseaux de Petri, réseaux de Neurones artificielles, GRAFCET, chaine de Markov etc.) et les méthodes analytiques (méthodes à éléments finis, méthode à ligne de transmission, régression, interpolation etc.).

Cependant lorsqu'il est question de substituer à un ensemble de valeurs (x(i), y(i)) issu d'une expérimentation, un modèle mathématique y=f(x), la régression est la méthode la plus appropriée. Cette partie présente la méthode de régression utilisée pour modéliser les signaux de cuisson des légumineuses. Le premier paragraphe explore les différentes méthodes de régression, le second détaille la régression non linéaire par la méthode des moindres carrés et le troisième présente l'implémentation et l'utilisation de la régression non linéaire par la méthode des moindres carrés utilisant l'algorithme de Levenberg-Marquardt.

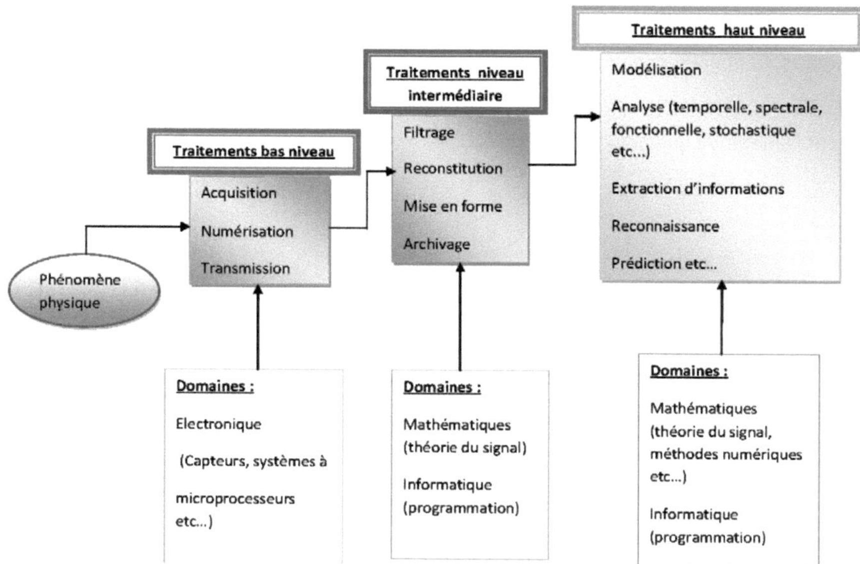

Figure 19 : le traitement du signal : hiérarchie et domaines y référents

V-2. Les méthodes de régression

a. *Définition*

La régression est un ensemble de méthodes statistiques très utilisées pour analyser la relation d'une variable par rapport à une ou plusieurs autres.

Pendant longtemps, la régression d'une variable aléatoire y sur le vecteur de variables aléatoires x désignait la moyenne conditionnelle de y sachant x. Aujourd'hui, le terme de régression désigne tout élément de la distribution conditionnelle de y sachant x considérée comme une fonction de x. On peut par exemple s'intéresser à la moyenne conditionnelle, à la médiane conditionnelle, au mode conditionnel, à la variance conditionnelle (Manski, 1991).

b. Les principaux modèles de régression

Le modèle de régression le plus connu est le modèle de régression linéaire.

Si la corrélation entre la variable d'entrée et la (les) variable(s) de sortie ne semble pas linéaire on a recours à la régression non linéaire.

Si on s'intéresse au quantile conditionnel de la distribution de la variable aléatoire y sachant le vecteur de variables aléatoires x, on utilise un modèle de régression quantile.

Si la variable expliquée est une variable aléatoire binomiale, il est courant d'utiliser une régression logistique ou un modèle Probit.

Si la forme fonctionnelle de la régression est inconnue, on peut utiliser un modèle de régression non paramétrique.

Les modèles de régression (linéaire, non linéraire etc.) sont souvent estimés par la méthode des moindres carrés mais il existe aussi de nombreuses autres méthodes pour estimer ces modèles. On peut par exemple estimer un modèle par maximum de vraisemblance ou encore par inférence Bayésienne.

Dans le paragraphe qui suit, nous allons nous attarder sur la méthode des moindres carrés vue que c'est celle que nous avons implémentée.

V-3. La méthode des moindres carrés

La méthode des moindres carrés, indépendamment élaborée par Legendre en 1805 et Gauss en 1809, permet de comparer des données expérimentales, généralement entachées d'erreurs de mesure, à un modèle mathématique censé décrire ces données (Gill et Walter, 1978).

Ce modèle peut prendre diverses formes. Il peut s'agir de lois de conservation que les quantités mesurées doivent respecter. La méthode des moindres carrés permet alors de minimiser l'impact des erreurs expérimentales en « ajoutant de l'information » dans le processus de mesure.

Dans le cas le plus courant, le modèle théorique est une famille de fonctions $f(x;\beta)$ d'une ou plusieurs variables muettes x, indexées par un ou plusieurs paramètres β inconnus. La méthode des moindres carrés permet de sélectionner parmi ces fonctions, celle qui reproduit le mieux les données expérimentales. On parle dans ce cas d'ajustement par la méthode des moindres carrés. Si les paramètres β ont un sens physique, la procédure d'ajustement donne également une estimation indirecte de la valeur de ces paramètres.

La méthode consiste en une prescription (initialement empirique), selon la laquelle la fonction $f(x;\beta)$ qui décrit « le mieux » les données est celle qui minimise la somme quadratique des déviations des mesures par rapport aux prédictions de $f(x;\beta)$. Si, par exemple, nous disposons de N mesures $(y_i)_{i=1,\dots,N}$, les paramètres β « optimaux » au sens de la méthode des moindres carrés sont ceux qui minimisent la quantité :

$$S(\beta) = \sum_{i=1}^{N} \left(y_i - f(x_i;\beta)\right)^2 = \sum_{i=1}^{N} r_i^2(\beta) \qquad (1)$$

Où les $r_i(\beta)$ sont les résidus du modèle, i.e. $r_i(\beta)$ est l'écart entre la mesure y_i et la prédiction $f(x;\beta)$ donnée par le modèle. $S(\beta)$ peut être considéré comme une mesure de la distance entre les données expérimentales et le modèle théorique qui prédit ces données. La prescription des moindres carrés commande que cette distance soit minimale.

Si, comme c'est généralement le cas, on dispose d'une estimation de l'écart-type σ_i du bruit qui affecte chaque mesure y_i, on l'utilise pour « peser » la contribution de la mesure au χ^2 . Une mesure aura d'autant plus de poids que son incertitude sera faible :

$$\chi^2(\beta) = \sum_{i=1}^{N} \left(\frac{y_i - f(x_i;\beta)}{\sigma_i}\right)^2 = \sum_{i=1}^{N} \omega_i \left(y_i - f(x_i;\beta)\right)^2 \qquad (2)$$

La quantité ω_i, inverse de la variance du bruit affectant la mesure y_i, est appelée poids de la mesure y_i. La quantité ci-dessus (équation 2) est appelée khi carré ou khi-deux. Son nom vient de la loi statistique qu'elle décrit, si les erreurs de mesure qui entachent les y_i sont distribuées suivant une loi normale (ce qui est très courant). Dans ce dernier cas, la méthode des moindres carrés permet en plus d'estimer quantitativement l'adéquation du modèle aux mesures, pour peu que l'on dispose d'une estimation fiable des erreurs σ_i. Si le modèle d'erreur est non gaussien, il faut généralement recourir à la méthode du maximum de vraisemblance, dont la méthode des moindres carrés est un cas particulier (Jorge et Stephen, 2006).

Son extrême simplicité fait que cette méthode est très couramment utilisée de nos jours en sciences expérimentales. Une application courante est le lissage des données expérimentales par une fonction empirique (fonction linéaire, non linéaire, polynômes etc.). Cependant son usage le plus important est probablement la mesure de quantités physiques à partir de données expérimentales. Dans de nombreux cas, la quantité que l'on cherche à mesurer n'est pas observable et n'apparaît qu'indirectement comme paramètre β d'un modèle théorique $f(x;\beta)$. Dans ce dernier cas de figure, il est possible de montrer que la méthode des moindres carrés permet de construire un estimateur de β, qui vérifie certaines conditions d'optimalité. En particulier, lorsque le modèle $f(x;\beta)$ est linéaire en fonction de β , le théorème de Gauss-Markov garantit que la méthode des moindres carrés permet d'obtenir l'estimateur non biaisé le moins dispersé. Lorsque le modèle est une fonction non linéaire des paramètres β , l'estimateur est généralement biaisé. Par ailleurs, dans tous les cas, les estimateurs obtenus sont extrêmement sensibles aux points aberrants : on traduit ce fait en disant qu'ils sont non robustes (Strutz, 1995). Plusieurs techniques permettent cependant de rendre plus robuste la méthode.

V-4. Régression non linéaire par la méthode des moindres carrées

a. Concepts fondamentaux

C'est une analyse qui est utilisée pour ajuster un ensemble de N observations avec un modèle non linéaire de n paramètres inconnus ($N > n$). La base de la méthode est de se rapprocher du modèle par une relation linéaire et d'affiner les paramètres par itérations successives.

Considérons un ensemble de N points de données $(x_1, y_1), (x_2, y_2), \dots (x_N, y_N)$ et une courbe (fonction modèle) $y = f(x;\beta)$ qu'en plus de la variable x dépend également n paramètres, $\beta = (\beta_1, \beta_2, \dots, \beta_n)$ avec $N > n$. Il est souhaitable de trouver le vecteur β de ces paramètres telle que la courbe corresponde au mieux les données fournies dans le sens des moindres carrés, c'est-à-dire que la somme des carrés

$$S(\beta) = \sum_{i=1}^{N} \left(y_i - f(x_i; \beta)\right)^2 = \sum_{i=1}^{N} r_i^2 (\beta)$$

Soit minimisée, où les résidus (erreurs) r $_i$ sont données par

$$r_i(\beta) = \left(y_i - f(x_i; \beta)\right) \qquad \text{pour } i = 1,2, \dots, N$$

La valeur minimale de S se produit lorsque le gradient est nul. Puisque le modèle contient n paramètres il y a n équations de gradient:

$$\frac{\partial S}{\partial \beta_j} = 2 \sum_i r_i \frac{\partial r_i}{\partial \beta_j} = 0 \ (j = 1, \dots, n) \qquad (3)$$

Dans un système non-linéaire, les dérivés $\frac{\partial r_i}{\partial \beta_j}$ sont à la fois les fonctions de la variable indépendante et des paramètres, de sorte que ces équations de gradient n'ont pas une solution fermée. Au lieu de cela, les valeurs initiales doivent être choisies pour les paramètres. Puis, les paramètres sont raffinés itérativement, les valeurs sont obtenues par approximations successives (Kelley, 1999),

$$\beta_j \approx \beta_j^{k+1} = \beta_j^k + \Delta\beta_j \qquad (4)$$

Ici, k est un nombre d'itérations et le vecteur d'incréments, $\Delta\beta$ est connue sous le nom vecteur de déplacement. À chaque itération, le modèle est linéarisé par approximation à un premier ordre en série de Taylor d'expansion sur β^k

$$f(x, \beta) \approx f(x_i, \beta^k) + \sum_j \frac{\partial f(x_i, \beta^k)}{\partial \beta_j} (\beta_j - \beta_j^k) \approx f(x_i, \beta^k) + \sum_j J_{ij} \Delta\beta_j. \qquad (5)$$

La jacobéenne J, est une fonction des constantes, des variables indépendantes ainsi que des paramètres, donc change d'une itération à la suivante. Ainsi, en termes du modèle linéarisé,

$$\frac{\partial r_i}{\partial \beta_j} = -J_{ij} \ (6)$$

(conformément à l'équation 1), et les résidus sont donnés par

$$r_i = \Delta y_i - \sum_{s=1}^{n} J_{is} \ \Delta\beta_s; \ \Delta y_i = y_i - f(x_i, \beta^k) \ (7)$$

En substituant ces expressions dans les équations de gradient (équation 3), ils deviennent

$$-2\sum_{i=1}^{N} J_{ij}\left(\Delta y_i - \sum_{s=1}^{n} J_{is}\ \Delta\beta_s\right) = 0 \quad (8)$$

qui, sur le réarrangement, deviennent n équations linéaires simultanées

$$\sum_{i=1}^{N}\sum_{s=1}^{n} J_{ij}J_{is}\ \Delta\beta_s = \sum_{i=1}^{N} J_{ij}\ \Delta y_i\ (j = 1, \dots, n) \quad (9)$$

Les équations normales sont écrites dans la notation des matrices telle que :

$$(J^T J)\Delta\beta = J^T \Delta Y \quad (10)$$

Lorsque les observations ne sont pas aussi fiables, une somme pondérée des carrés peut être minimisée,

$$S = \sum_{i=1}^{N} W_{ii}\, r_i^2 \qquad (11)$$

Chaque élément de la diagonale de la matrice de poids, W devrait, idéalement, être égal à l'inverse de la variance de la mesure. Les équations normales sont alors

$$(J^T WJ)\Delta\beta = J^T \mathrm{W}\Delta Y \quad (12)$$

Ces équations forment la base pour l'algorithme de Gauss-Newton de résolution d'un problème non-linéaire par la méthode des moindres carrés (Tenenhaus, 1998).

b. Interprétation géométrique

Dans la méthode des moindres carrés linéaires la fonction objective S, est une fonction quadratique des paramètres.

$$S = \sum_{i=1}^{N} W_{ii}\left(y_i - \sum_{j} X_{ij}\,\beta_j\right)^2 \qquad (13)$$

Quand il y a un seul paramètre, le graphe de S par rapport à ce paramètre sera une parabole . Avec deux ou plusieurs paramètres, les contours de S à l'égard de n'importe quelle paire de paramètres seront des ellipses concentriques (en supposant que la matrice normale d'équations $X^T X$ est définie et positive). Les valeurs des paramètres minimaux se trouvent au centre des ellipses. La géométrie de la fonction objective peut généralement être décrite comme une paraboloïde elliptique.

Dans la méthode des moindres carrés non linéaires la fonction objective n'est quadratique par rapport aux paramètres que dans une région proche de sa valeur minimale, où le tronc de la série de Taylor est une bonne approximation du modèle.

$$S \approx \sum_i W_{ii} \left(y_i - \sum_j J_{ij}\, \beta_j \right)^2 \qquad (14)$$

Plus les valeurs de paramètres diffèrent de leurs valeurs optimales, plus les contours s'écartent de la forme elliptique. Une conséquence de ceci est que les estimations initiales des paramètres doivent être aussi proche que possible de leurs valeurs optimales. Ceci explique également comment la divergence peut se produire et aussi le fait que l'algorithme de Gauss-Newton n'est convergent que lorsque la fonction objective est presque quadratique autour des paramètres (Tuffery, 2010). Dans la suite nous présentons les différentes méthodes de régression non linéaire basées sur les moindres carrées

c. Estimations des paramètres initiaux

Les problèmes de mauvais conditionnement et de divergence peuvent être améliorés par la recherche des estimations initiales des paramètres qui sont à proximité des valeurs optimales. Une bonne façon de le faire est par simulation sur ordinateur. Une fois que les données observées et les données calculées sont affichées sur un écran. Les paramètres du modèle sont ajustés à la main jusqu'à ce que l'accord entre les données observées et calculées soit raisonnablement bon. Bien que ce soit un jugement subjectif, il suffit de trouver un bon point de départ pour le raffinement non-linéaire.

d. La méthode de Gauss-Newton

Les équations normales

$$(J^T WJ)\Delta\beta = J^T \mathrm{W}\Delta Y.$$

peuvent être résolues pour $\Delta\beta$ par décomposition de Cholesky , tel que décrit dans la méthode des moindres carrés linéaires . Les paramètres sont mis à jour itérativement

$$\beta^{k+1} = \beta^k + \Delta\beta.$$

où k est le nombre d'itérations. Bien que cette méthode puisse être suffisante pour des modèles simples, elle échouera si la divergence se produit. Par conséquent la protection contre la divergence est essentielle.

Le Maj-coupe est une protection contre la divergence.

Si la divergence se produit, un simple expédient est de réduire la longueur du vecteur déplacement $\Delta\beta$, Par une fraction, f

$$\beta^{k+1} = \beta^k + f\Delta\beta. \qquad (15)$$

Par exemple la longueur du vecteur déplacement peut être successivement réduite de moitié jusqu'à ce que la nouvelle valeur de la fonction objective soit inférieure à sa valeur à la dernière itération. La fraction, f pourrait être optimisée par une recherche en ligne . Comme chaque valeur d'essai de f exige que fonction objective soit recalculée, il ne faut pas que l'optimisation de sa valeur soit trop stricte. Lors de l'utilisation à décalage de coupe, la direction du vecteur déplacement ne change pas. Cela limite l'applicabilité de la méthode à des situations où la direction du vecteur de changement n'est pas très différente de ce qu'elle serait si la fonction objective était quadratique autour des paramètres, β^k.

e. Transformation d'un modèle linéaire

Un modèle non-linéaire peut parfois se transformer en un processus linéaire. Par exemple, lorsque le modèle est une fonction exponentielle simple

$$f(x_i, \beta) = \alpha e^{\beta x_i} \qquad (16)$$

Il peut être transformé en un modèle linéaire de logarithmes.

$$\log f(x_i\,, \beta) = \log \alpha + \beta x_i \quad (17)$$

La somme des carrés devient

$$S = \sum_i (\log y_i - \log \alpha - \beta x_i)^2 \qquad (18)$$

Cette procédure devrait être évitée à moins que les erreurs soit multiplicatifs et log-normalement distribué , car il peut donner des résultats trompeurs. Cela vient du fait que quelles que soient les erreurs expérimentales, les erreurs sur Y sont différentes. Par conséquent, lorsque la somme des carrés transformée est réduite au minimum, des résultats différents seront obtenus à la fois pour les valeurs des paramètres et leurs écarts-types calculés. Cependant, avec des erreurs multiplicatives qui sont distribuées log-normalement, cette procédure donne des estimations des paramètres impartiales et cohérentes (Moré et Sorensen, 1983).

f. Autres méthodes

Un autre exemple est fourni par la cinétique de Michaelis-Menten , utilisé pour déterminer deux paramètres V_{max} et K_m.

$$v = \frac{V_{\max}[X]}{K_m + [X]} \qquad (19)$$

La parcelle de Lineweaver-Burk

$$\frac{1}{v} = \frac{1}{V_{max}} + \frac{K_m}{V_{max}[X]} \qquad (20)$$

(1 / v) par rapport à S est très sensible aux erreurs de données et il est fortement biaisée pour ajuster les données dans une gamme particulière de la variable indépendante, x.

Il existe de nombreux exemples dans la littérature scientifique, où différentes méthodes ont été utilisées pour des problèmes d'ajustement des données non linéaires. Dans le paragraphe suivant, nous allons présenter l'algorithme de Levenberg-Marquardt que nous avons implémenté.

V-4. Implémentation de l'algorithme de Levenberg-Marquardt

a. Contexte et présentation

En mathématiques et en informatique, l'algorithme de Levenberg-Marquardt (LMA), également connu sous le nom de la méthode des moindres carrés amortis, fournit une solution numérique au problème de la minimisation d'une fonction, généralement non linéaire, sur un espace de paramètres de la fonction. Ces problèmes de minimisation surviennent surtout dans les cas d'ajustement de courbe par la méthode des moindres carrés par programmation non linéaire .

Le LMA interpole entre l'algorithme de Gauss-Newton (GNA) et la méthode de descente de gradient (voir le document *'Optimisation numérique, 2e édition' de* Nocedal Jorge et Wright Stephen pour plus d'information). Le LMA est plus robuste que le GNA, ce qui signifie que dans de nombreux cas qu'il trouve une solution, même si elle commence très loin du minimum final. Pour les fonctions bien formulées et avec des paramètres raisonnables de départ, le LMA a tendance à être un peu plus lent que le GNA. Le LMA peut aussi être considéré comme une variante de Gauss-Newton utilisant une approche par région de confiance.

La LMA est un algorithme très populaire d'ajustement de courbe utilisé dans de nombreuses applications logicielles génériques pour résoudre des problèmes d'ajustement de courbe (Pyjol, 2007).

Le problème

La principale application de l'algorithme de Levenberg-Marquardt est le problème courbe des moindres carrés: étant donné un ensemble de paires de N données empiriques des variables indépendantes et dépendantes, (x_i, y_i), le problème consiste à optimiser les paramètres β de la courbe modèle f(x, β) de telle sorte que la somme des carrés des écarts

$$S(\beta) = \sum_{i=1}^{N} \left(y_i - f(x_i;\beta)\right)^2 = \sum_{i=1}^{N} r_i^2\,(\beta)$$

deviennent minimale.

La solution

Comme d'autres algorithmes de minimisation numériques, l'algorithme de Levenberg-Marquardt est une procédure itérative. Pour démarrer une minimisation, l'utilisateur doit fournir une estimation initiale pour le vecteur de paramètres, β. Dans les cas avec un seul minimum, une supposition éclairée standard $\beta^T = (1,1,...,1)$ fonctionnera très bien; dans les cas avec plusieurs minima, l'algorithme ne converge que si la valeur initiale est déjà un peu près de la solution finale.

Dans chaque étape d'itération, le vecteur de paramètres, β, est remplacé par une nouvelle estimation, β+$\Delta\beta$. Pour y parvenir, les fonctions $f(x_i, \beta + \Delta\beta)$ sont approchées par leurs linéarisations (voir les équations 5 à 10).

La contribution de Levenberg (Levenberg, 1944) est de remplacer l'équation 10 ($(J^T J)\Delta\beta = J^T \Delta Y$) par une «version atténuée",

$$(J^T J + \lambda \mathrm{I})\Delta\beta = J^T \Delta Y \;\; avec \; \Delta y_i = y_i - f(x_i, \beta^k) \quad (20)$$

où I est la matrice identité, en donnant comme l'incrément, δ, le vecteur des paramètres estimés, β.

Le Facteur d'amortissement (non-négatif) λ, est ajusté à chaque itération. Si la réduction de S est rapide, une plus petite valeur peut être utilisée, ce qui porte l'algorithme proche de l' algorithme de Gauss-Newton , alors que si une itération donne une réduction insuffisante du résidu, λ peut être augmenté, donnant un pas de plus vers la direction de descente de gradient .

L'algorithme de Levenberg a le désavantage que si la valeur du facteur d'amortissement λ, est grande, en inversant ($J^T J + \lambda I$), Y n'est pas utilisée du tout. C'est alors que la Marquardt (Marquardt, 1963) aperçu que l'on peut étendre chaque composant du gradient selon la courbure de sorte qu'il n'y est plus une grande circulation le long des directions où le gradient est plus petit. Ceci permet d'éviter une convergence lente dans la direction de gradient faible. Par conséquent, Marquardt a remplacé la matrice d'identité, avec la matrice diagonale composée des éléments diagonaux de $J^T J$, le résultat donne l'algorithme de Levenberg-Marquardt:

$$(J^T J + \lambda \text{diag}(J^T J))\Delta\beta = J^T \Delta Y \ \ avec \ \Delta y_i = y_i - f(x_i, \beta^k) \quad (21)$$

b. Choix du paramètre d'amortissement

Divers arguments heuristiques ont plus ou moins été mis en avant pour le meilleur choix du paramètre d'amortissement λ. Les arguments théoriques existent montrant pourquoi certains de ces choix garantissent la convergence locale de l'algorithme, mais ces choix peuvent faire la convergence globale de l'algorithme souffrir des propriétés indésirables de plus raide descente , et une convergence très lente en particulier proche de l'optimum.

Les valeurs absolues de tout choix dépendent de la façon dont se situe l'échelle du problème initial. Marquardt a recommandé de partir d'un λ_0 et d'un facteur de réglage v> 1. Avec le réglage initial de $\lambda_0 > 0$, calculer la somme des carrés des résidus S (β) d'une part avec le facteur d'amortissement de $\lambda = \lambda_0$ et d'autre part avec λ_0 / v. Si avec ce ces deux valeurs les résultats sont pires que le point initial, l'amortissement est augmenté par la multiplication successive par v jusqu'à ce qu'un meilleur point soit trouvé avec un nouveau facteur d'amortissement de λ_0 / v^k pour un certain k.

Si l'utilisation de l'amortissement de facteur de recalage v entraîne une réduction dans le résidu au carré, ceci est considéré comme la nouvelle valeur de λ (et le nouvel emplacement optimal est prise comme celle obtenue avec ce facteur d'amortissement) et le processus se poursuit.

L'organigramme de la figure 20 décrit le déroulement de l'algorithme tel que nous l'avons implémenté. Une fois notre algorithme déterminé. Nous avons mis en œuvre l'application en se basant sur les concepts de programmation orienté objet vus un au paragraphe III-3 et IV-4. C'est ainsi que nous obtenu le diagramme cas d'utilisation et le diagramme de classe des figures 21 et 22 décrivant le fonctionnement de notre application. Lors de la phase d'implémentation nous avons utilisé l'IDE (environnement de développement intégré) Visual C++ de Microsoft Visual Studio 2010, ceci à cause de la richesse de ses bibliothèques mathématiques et de la facilité d'intégration d'autres bibliothèques scientifiques (telles que GSL par exemple). Parmi les contrôles de Visual C++, le contrôle dataGridview nous a particulièrement été utile pour l'extraction des données et l'affichage des résultats.

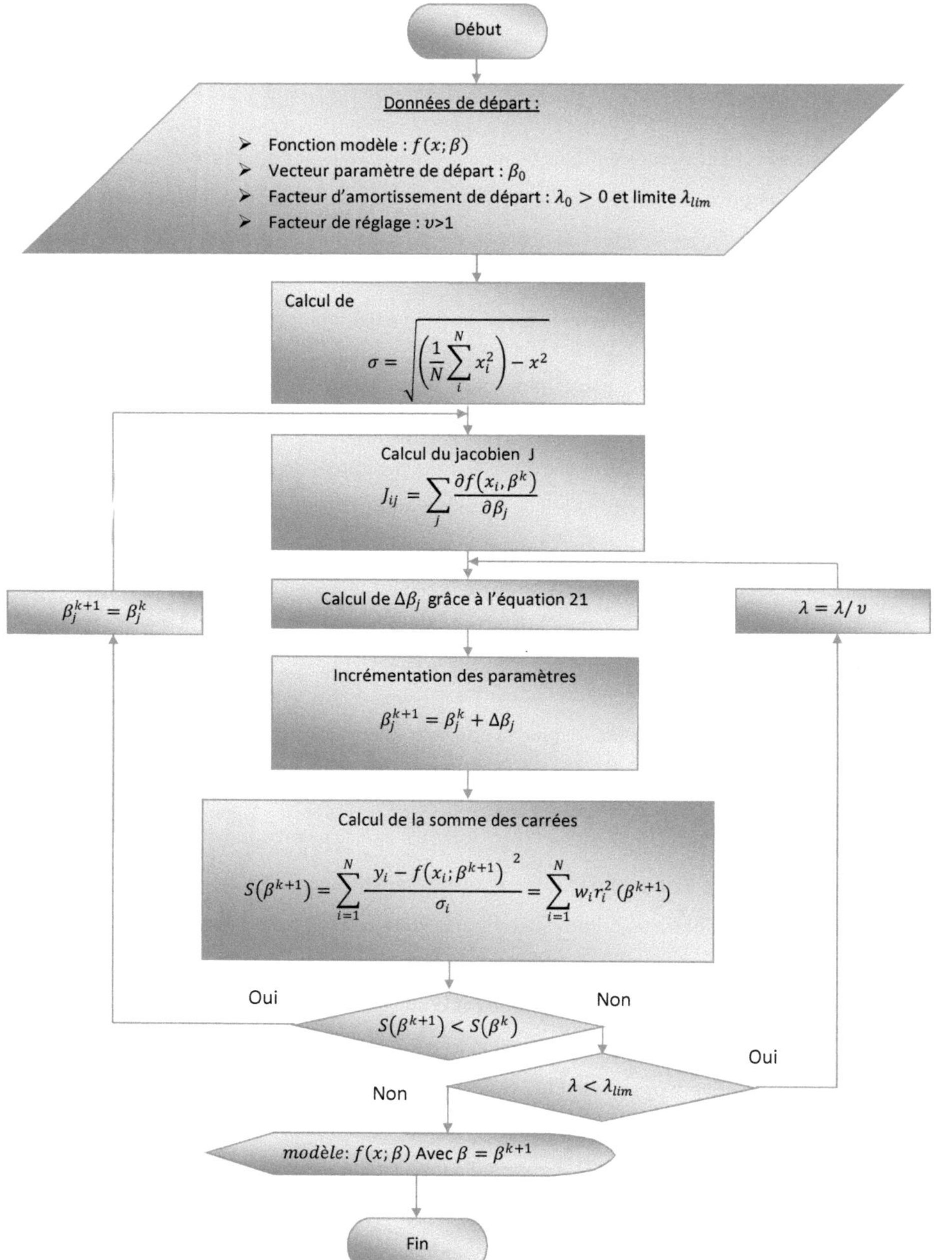

Figure 20 : algorithme de **Levenberg-Marquardt**

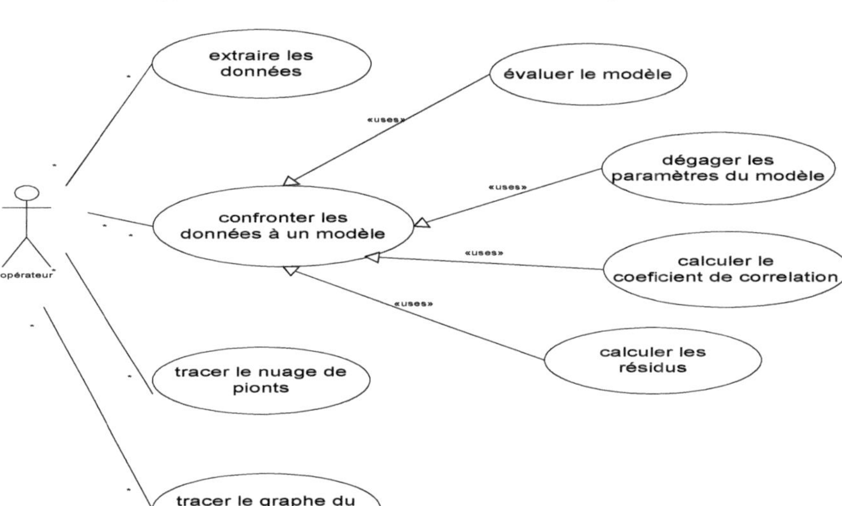

Figure 21 : diagramme cas d'utilisation pour l'application de traitement des données

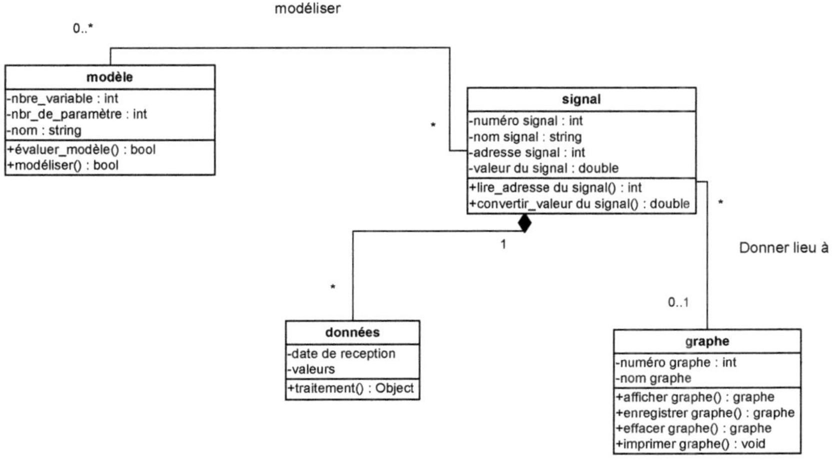

Figure 22 : diagramme classe simplifié de l'application de traitement des signaux

CHAPITRE 3 : RESULTATS ET DISCUSSION

Dans cette partie, des tests unitaires sont effectués afin de juger de la fiabilité et de la stabilité des différents modules du dispositif de traitement du signal conçu. Ensuite ayant assemblé les modules, nous procéderons à la mise en œuvre du dispositif à travers l'étude de la cuisson des divers échantillons présentés dans la partie matériel et méthodes, puis nous procéderons à une présentation et une discussion des résultats obtenus.

I. Résultat de l'analyse fonctionnelle : structure générale de notre système

A l'issu de l'analyse fonctionnelle il ressort la structure suivante du système proposé.

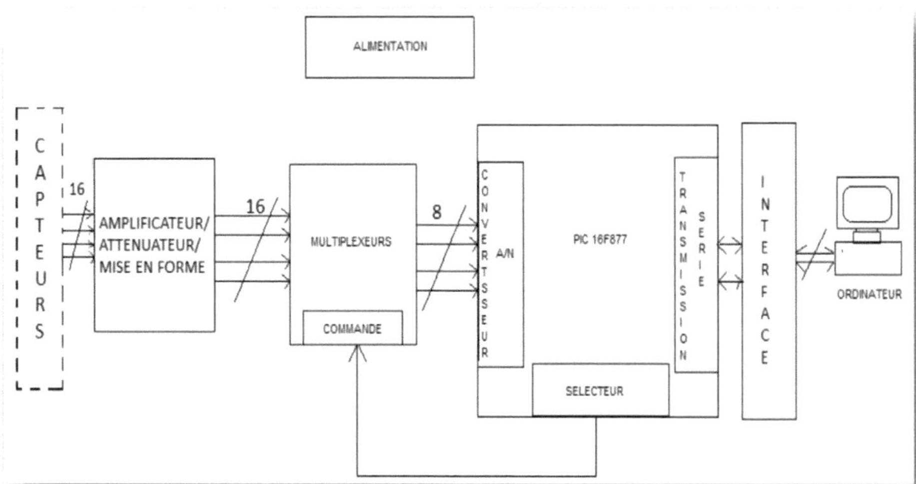

Figure 23 : synoptique générale du dispositif

Les capteurs et la mise en forme

Le rôle des capteurs est de fournir une tension image de la grandeur que l'on désire recueillir.

Le module d'acquisition

Le module d'acquisition sera constitué lui des circuits de multiplexage, du microcontrôleur PIC 16F877 qui sera utilisé comme convertisseur analogique numérique, sélecteur de multiplexeurs et transmetteur des résultats vers le PC et de l'interface avec l'ordinateur.

L'alimentation quant à elle en fera aussi partie mais sera toutefois conçue de manière à pouvoir fournir de l'énergie aux blocs de mise en forme et aux capteurs qui en nécessiteront.

L'ordinateur et l'application informatique pour l'acquisition

Une fois les données reçues, l'ordinateur sera chargé de tracer à partir de ces données des courbes reconstituant le plus fidèlement possible les variations des grandeurs recueillies et de les stocker dans un fichier. L'application pour la visualisation des courbes et le stockage des données sera écrite sous un logiciel de programmation de quatrième génération (Borland C++ Builder) permettant la communication avec le port série.

L'application informatique pour le traitement des données

Cette application a pour rôle de fournir pour chaque signal relevé un modèle mathématique qui traduit le mieux possible les données de ce signal en vue de faciliter l'analyse (estimation des paramètres et interprétation). L'application de traitement des données est bâtit autour de l'algorithme de Levemberg-Marquardt et implémenter sous le logiciel Microsoft Visual C++ 2010.

II. Résultat du module d'acquisition

Le module d'acquisition est représenté sur la figure 24, il donne une visualisation 3D du module tel qu'il a été réalisé, et la figure 25 présente le prototype implémenté.

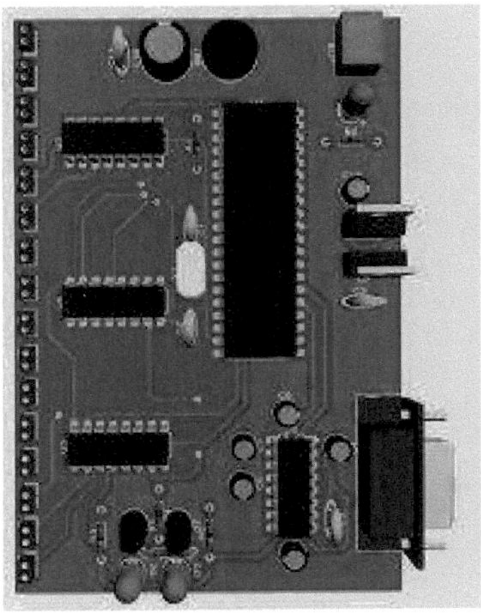

Figure 25 : schéma d'implantation des com

Figure 24 : photo du prototype réalisé

III. Fonctionnement de l'application d'acquisition

Après la conception de l'application par le langage de modélisation UML, et son codage en C++, il est important de vérifier son fonctionnement effectif.

Au lancement de l'application un message signale qu'une configuration du port série est nécessaire avant l'activation des fonctionnalités du programme (figure 26), les configurations à effectuer seront surtout le choix du port et la vitesse de transmission (Elle sera toujours de **9 600 bauds** telle que configurée dans le PIC car n'oublions pas que le module d'acquisition et l'ordinateur doivent fonctionner de manière synchronisée.). La configuration du port série se fait via le menu « **configuration** » de notre programme.

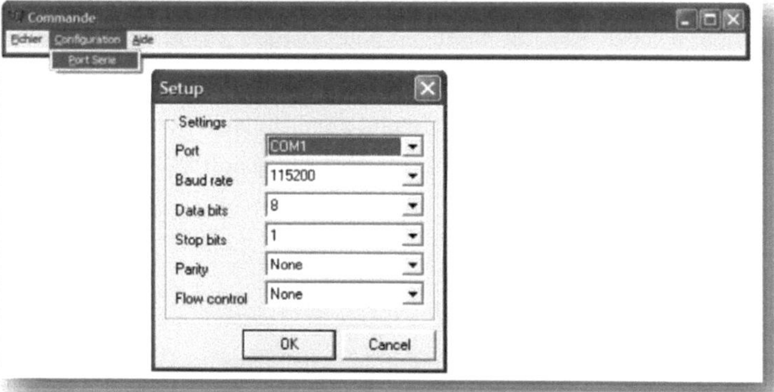

Figure 26 : page d'accueil de l'application

Une fois ces configurations effectuées, toutes les fonctionnalités du montage sont activées. L'interface « **commande** » se développe et affiche le panneau de commande de toutes les grandeurs. L'utilisateur peut alors sélectionner les grandeurs qu'il désire en cliquant sur les cases correspondantes, inscrire leurs noms puis lancer l'échantillonnage en cliquant sur le bouton lancer l'acquisition.

Les fonctionnalités offertes par cette application sont :

- L'enregistrement des graphes sous forme de fichier image (bitmap)
- L'impression des graphes tracés
- La sauvegarde des données sous le nom de la grandeur
- L'effacement des graphes pour relancer le tracé

Le groupe de boutons intitulé « **Toutes les grandeurs** » permet de gérer les seize grandeurs simultanément. Il permet d'activer tous les graphes en cliquant sur la case « Activer », d'afficher tous les graphes dans une même fenêtre via le bouton « **Voir Graphes Communs** », d'enregistrer et d'effacer tous les graphes ou les graphes communs et de les imprimer via les boutons qui indiquent les fonctions citées. La figure 27 montre un exemple d'utilisation de notre interface.

Dans ces conditions le chemin de sauvegarde par défaut des données est le disque local C tel que indiqué à l'extrémité gauche de l'application. Il est toutefois possible de modifier ce chemin à notre guise en y inscrivant le chemin souhaité. Une fois l'acquisition lancée, le tracé des signaux fournis par notre module commence. Il est alors possible de le voir en cliquant sur le bouton **« Voir Graphe »** de la grandeur correspondante.

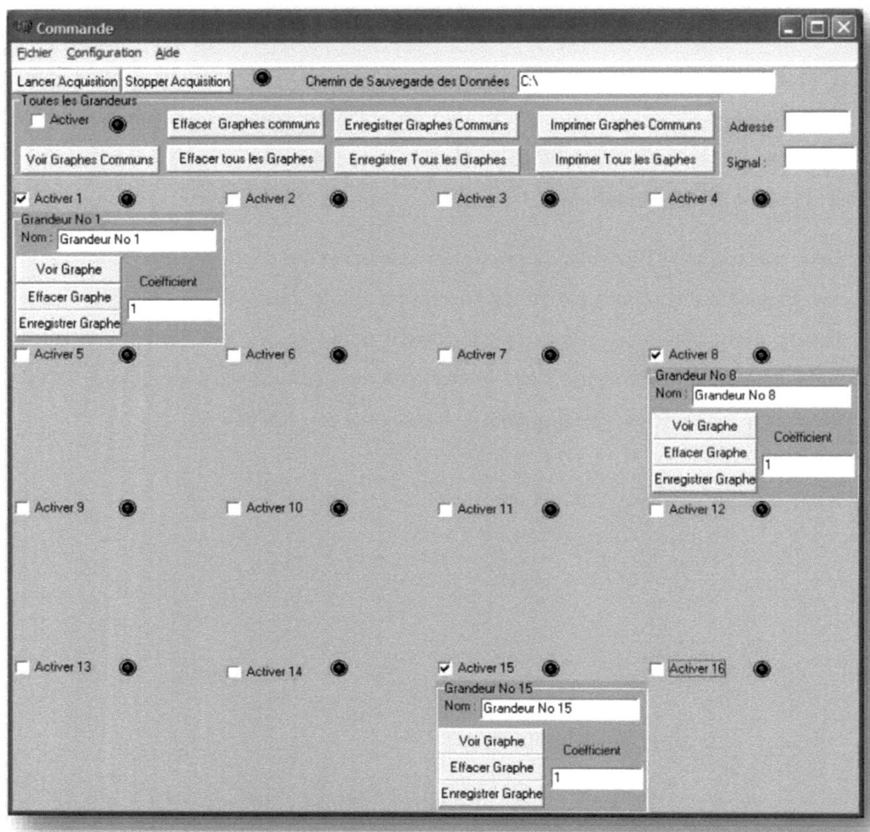

Figure 27 : page d'exploitation de l'application

Un test est effectué avec l'application informatique et le module d'acquisition et consiste à faire varier une tension tirée de l'alimentation de notre maquette entre 0V et 5V grâce à un potentiomètre connecté sur l'entrée No 1 de notre montage (figure 28).

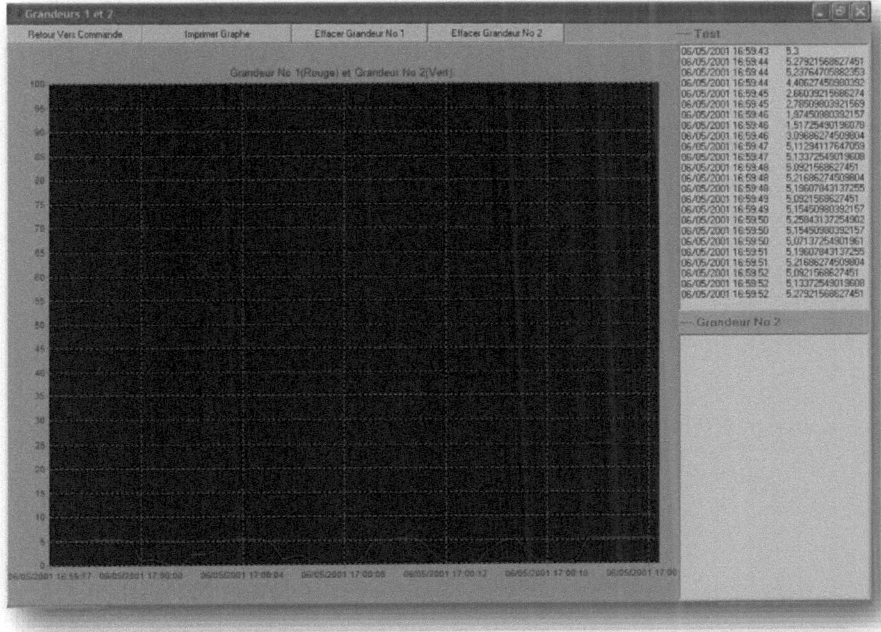

Figure 28 : exemple de configuration logicielle

IV. Fonctionnement de l'application de traitement des signaux

Pour implémenter notre algorithme précédemment décrit, nous avons utilisé, le compilateur Visual C++ de la suite Microsoft Visual Studio notamment parce qu'il nous donne la possibilité de faire appel à la très riche bibliothèque scientifique GSL (GNU Scientific Librairy). Grace à Visual C++ nous avons mis en œuvre une application dont le fonctionnement est le suivant. A l'exécution de l'application nous avons la page d'accueil (figure 29)

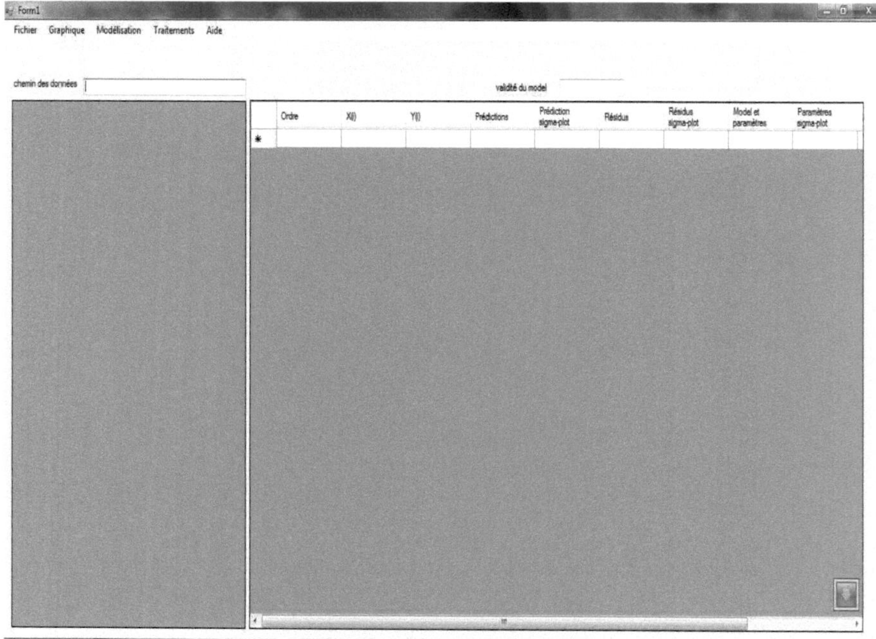

Figure 29 : page d'accueil de l'application

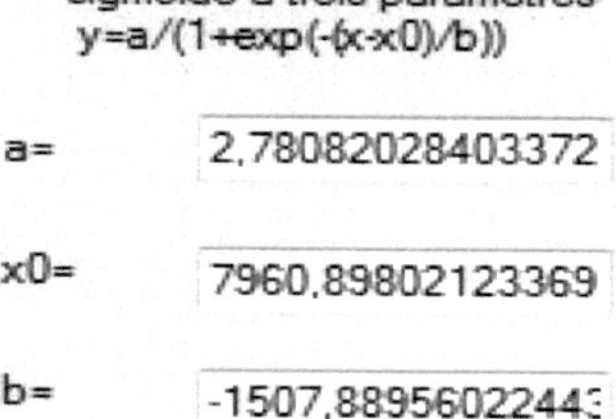

Figure 30 : paramètre du modèle sigmoïdale fournit par l'algorithme

A partir de la page d'accueil nous devons sélectionner les données à modéliser grâce au menu fichier puis ouvrir, ensuite nous allons dans le menu traitement et nous cliquons sur l'onglet calcul et résidus. Dès lors l'algorithme est lancée et après son exécution, le programme affiche dans un tableau les données x(i), y(i), les valeurs prédictives calculées à partir du modèle Y que le programme vient de traiter, ainsi que les résidus c'est-à-dire les valeurs Y(i)-y(i) (figure 31). L'utilisateur peut dès lors conjecturer sur la converge ou pas du modèle établi par rapport aux données expérimentales. Le programme affiche également dans une autre colonne les paramètres du modèle établit, comme dans notre cas il s'agit d'une sigmoïde à trois paramètres. En cliquant sous l'onglet sigmoïde du menu modèle une fenêtre (figure 30) donnant les paramètres s'affiche.

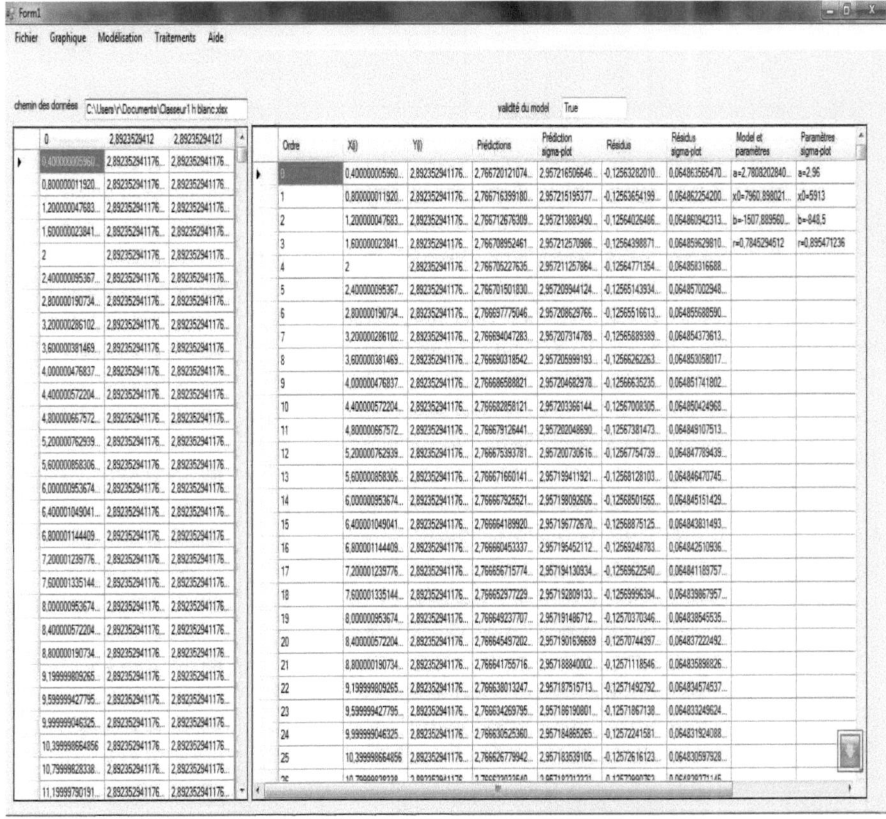

Figure 31 : calculs éffectué par l'application à partir de l'algorithme

L'application permet également à l'utilisateur de visualiser le nuage de point des grandeurs d'entrées (figure 32), et surtout d'observer sur un même graphe (figure 33) la courbe tracée à partir du modèle obtenu et le nuage de points de données expérimentales.

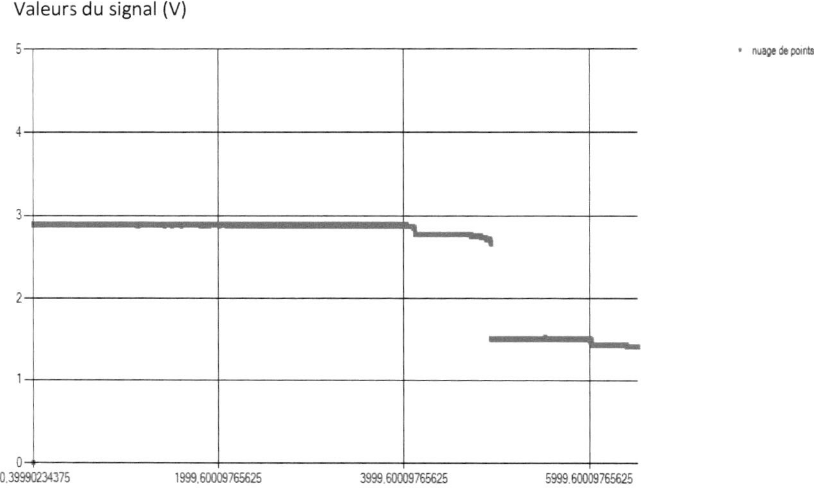

Temps (s)

Figure 32 : nuage de point associé aux valeurs d'entrée

Valeurs du signal (V)

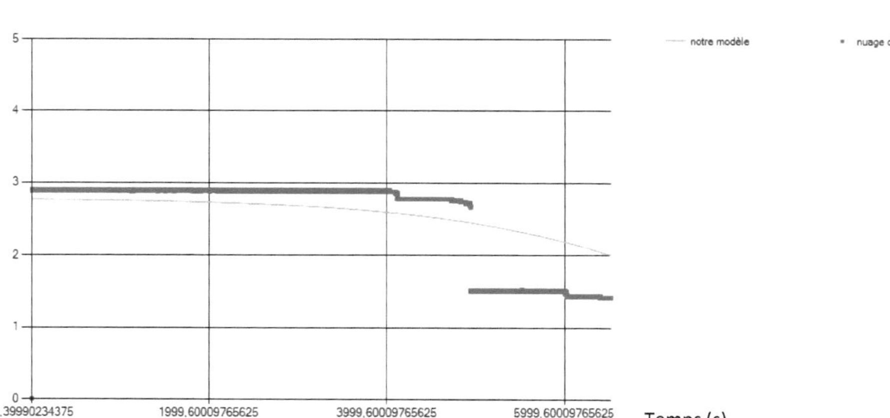

Figure 33 : graphe du modèle obtenu et nuage de point associé

Il nous a semblé opportun dans une démarche scientifique de comparer nos résultats à ceux fournit par les logiciels commerciaux comme Sigma-Plot enfin de juger de la validité et de la robustesse de notre algorithme. C'est dans cette optique que nous avons réalisé le graphe de la figure 34 cumulant sur une même figure le nuage de point, la courbe de notre modèle et la courbe obtenu par le modèle de sigma-plot.

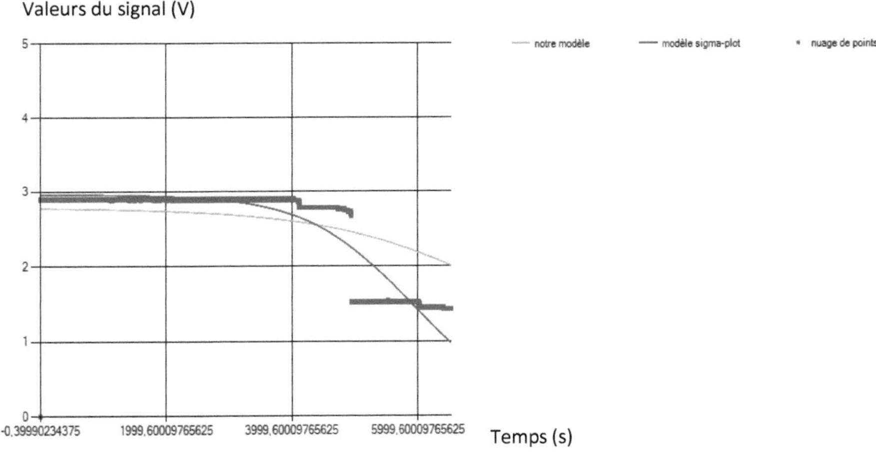

Figure 34 : comparaison de notre modèle avec celui de sigma-plot

Pour mieux appréhender cette différence nous avons tracé sur une même figure (figure 35) une courbe représentant les résidus obtenus par notre modèle et une autre représentant les résidus obtenus par le modèle de Sigma-Plot.

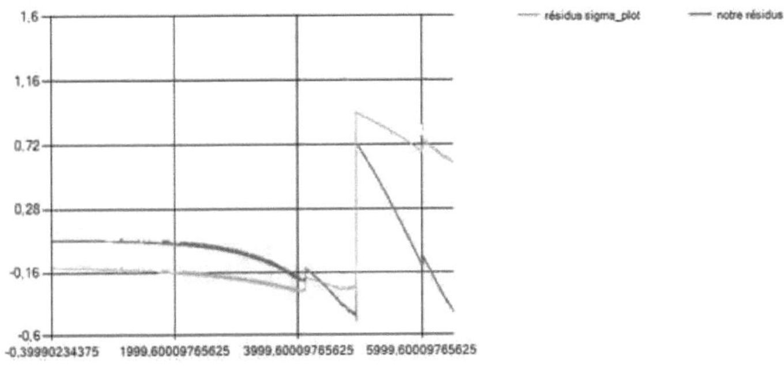

Figure 35 : graphe de comparaison des résidus

Précisons qu'un résidu est intéressant lorsqu'il est proche de zéro. Sur la figure 35 on observe qu'au tout début de l'analyse le résidu de Sigma-Plot (couleur orange) est plus intéressant que le nôtre cependant dans le zone de transition, les deux résidus sont identique (subissent une même variation brusque), ensuite après la zone de transition notre résidu devient plus intéressant que celui de Sigma-Plot. En d'autre terme le modèle de Sigma-Plot décrit mieux le phénomène (de cuisson des légumineuses) au début de l'expérience que le nôtre, mais dans le seconde moitié de l'expérience notre modèle parait plus intéressant que celui de sigma-plot.

Une fois le module électronique et les applications informatiques réalisés, il ne nous reste plus que les capteurs pour parfaire notre dispositif.

V. Présentation des capteurs choisis

Afin de suivre la cinétique de cuisson du haricot, notre cuiseur Mattson dispose d'un piston qui devra progressivement perforer la graine pendant la cuisson de celle-ci ; la graine sera considérée totalement cuite lorsque la tige l'aura entièrement traversé. Dans ce paragraphe nous présentons juste le capteur retenu pour notre système, pour plus d'information sur l'étude et le choix du capteur, on peut se référer au mémoire d'ingénieur de Fokam (Fokam ,2011).

Pour pouvoir exploiter ce déplacement nous avons besoin d'un capteur dont le rôle sera de fournir une tension image de la grandeur (déplacement) que l'on désire recueillir.

Le choix d'un capteur tient compte de la facilité de mise en œuvre, de la disponibilité, du bon rapport qualité/prix, de l'insensibilité aux parasites, de la précision, de la résolution, de la linéarité, de la sensibilité (Asch, 2002).

Compte tenu de tous ses critères notre choix s'est porté sur les potentiomètres à glissière de type B10K de 10KΩ qui présentent en outre une bonne linéarité, et une sensibilité acceptable de 0.03volt/mm (voir figure 36).

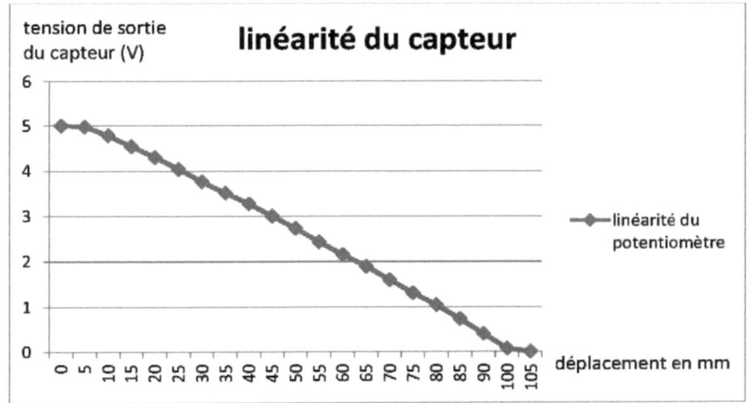

Figure 36 : graphe de linéarité du capteur

La course (d'environ 100mm) et la souplesse du curseur de potentiomètre sont également des critères important ayant présidé le choix de ce capteur pour l'application.

La figure 37 montre l'ensemble du dispositif de traitement du signal (capteurs, module électronique d'acquisition, applications informatiques) assemblé et couplé sur le cuiseur Mattson et mis en utilisation.

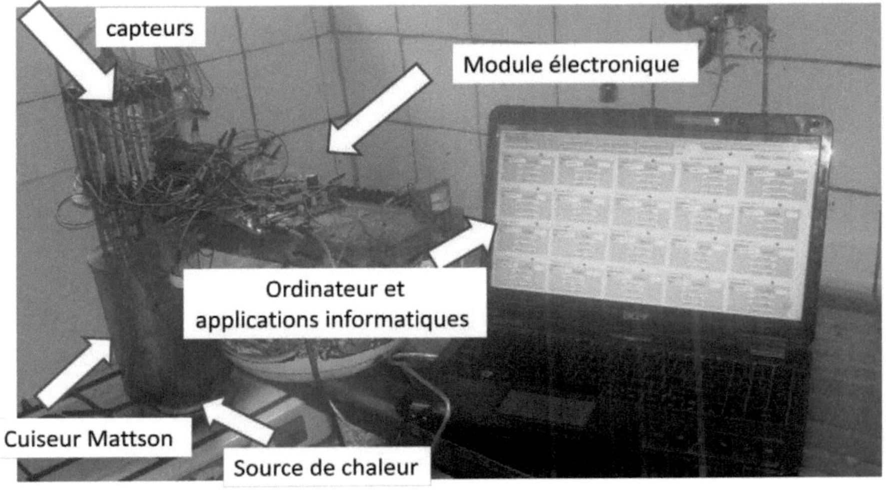

Figure 37 : photo de l'ensemble du système en cour d'utilisation

VI. Mise en œuvre du dispositif réalisé pour étude de la cuisson de quelques échantillons de haricot

Dans le cadre de la mise en œuvre du dispositif, nous avons étudié l'influence de trois paramètres sur la cuisson du haricot : la variété, la taille et la température de cuisson. Il s'agit dans ce paragraphe de répondre aux questions suivantes :

- Le temps de cuisson du haricot dépend-il de l'espèce de l'échantillon à cuire ?
- Le temps de cuisson du haricot dépend-il de la taille de l'échantillon à cuire ?
- Le temps de cuisson du haricot dépend-il de la température de cuisson ?

VI-1. Étude de l'influence de la variété du grain sur la cuisson

Les résultats obtenus pour les six variétés étudiées sont observés dans les graphes suivants.

cinétique de cuisson du haricot noir

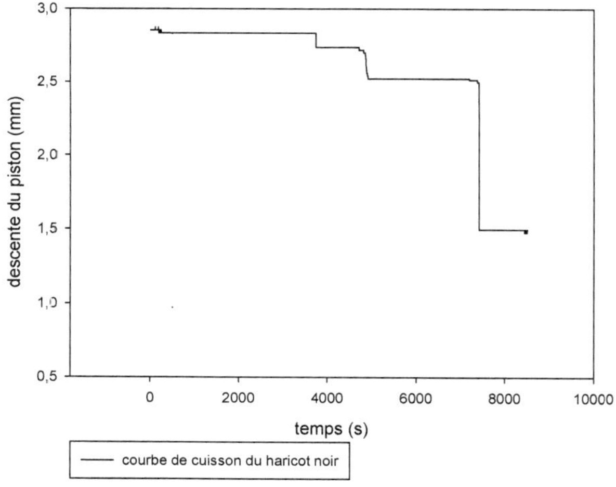

Durée moyenne de cuisson : 7426s soit environ 2h 3min

Figure 38 : graphe représentant la cinétique de cuisson de l'échantillon de haricot noir à grains courts

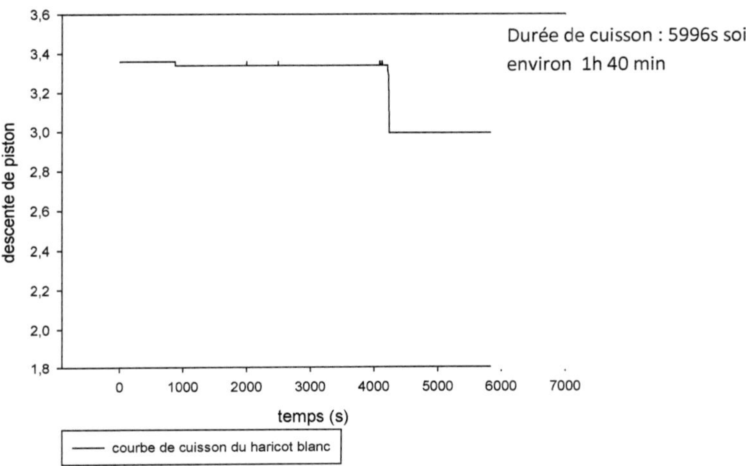

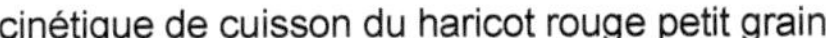

Figure 39 : graphe de cuisson du haricot blanc petit grain à grains courts

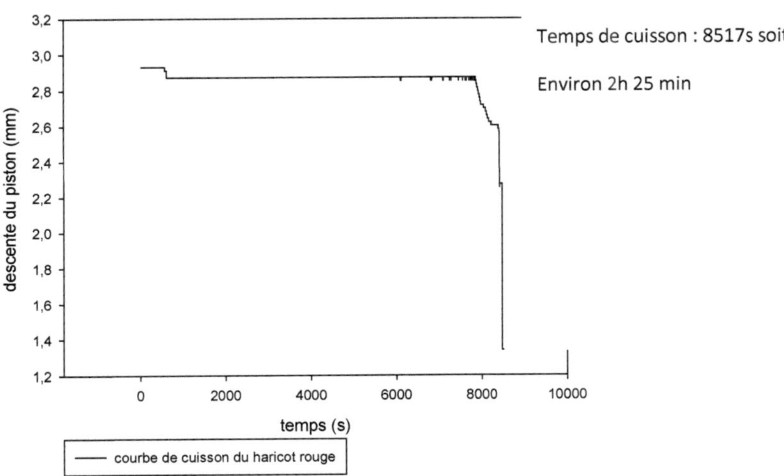

Figure 40 : graphe de cuisson du haricot rouge à grains courts

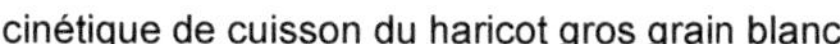

Durée de cuisson : 3789s soit environ 1h 3 min

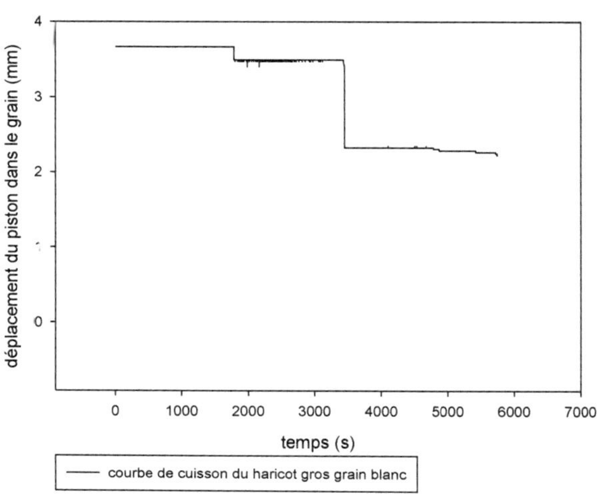

Figure 41 : graphe de cuisson du haricot blanc à grains longs

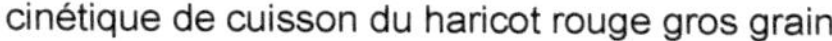

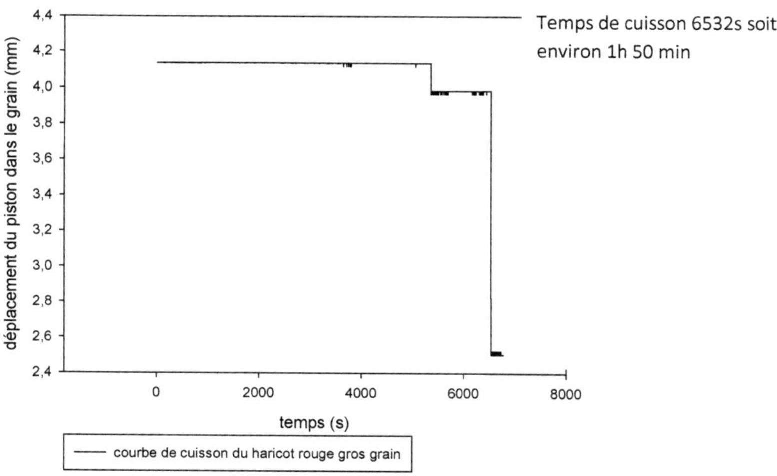

Temps de cuisson 6532s soit environ 1h 50 min

Figure 42 : graphe de cuisson du haricot rouge à grains longs

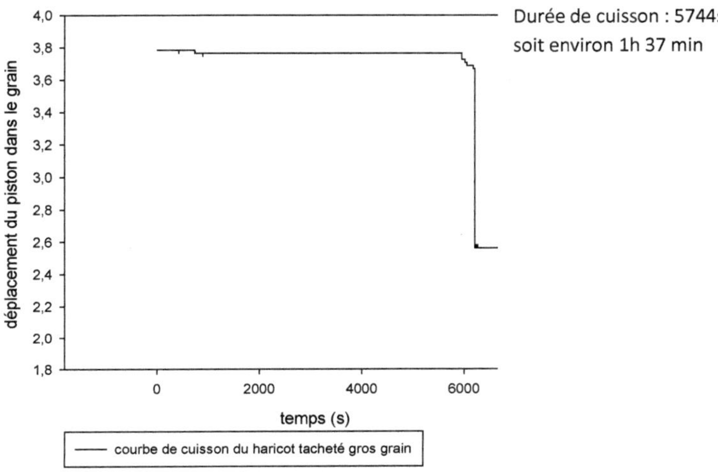

Figure 43 : graphe de cuisson du haricot panaché à grains longs

A la lumière des graphes ci-dessus, nous pouvons conjecturer que la variété de l'échantillon de haricot cuit à une influence non seulement sur le temps de cuisson mais aussi sur la cinétique (allure) de la cuisson. Le tableau suivant montre les différents temps de cuisson de chaque variété étudiée et permet d'y voir plus clair.

Tableau 2 influence de la variété sur le temps de cuisson

Variété de l'échantillon	Temps de cuisson
Gros grain blanc	1h 03 min
Gros grain tacheté	1h 37 min
Petit grain blanc	1h 40 min
Gros grain rouge	1h 50 min
Petit grain noir	2h 03 min
Petit grain rouge	2h 25 min

VI-2. Étude de l'influence de la taille du grain sur la cuisson

Pour étudier l'influence de la taille sans corréler avec l'influence de la variété, nous avons basé notre étude sur le haricot blanc qui présente dans la même variété deux tailles différentes : le haricot blanc à grains courts et le haricot blanc à grains longs.

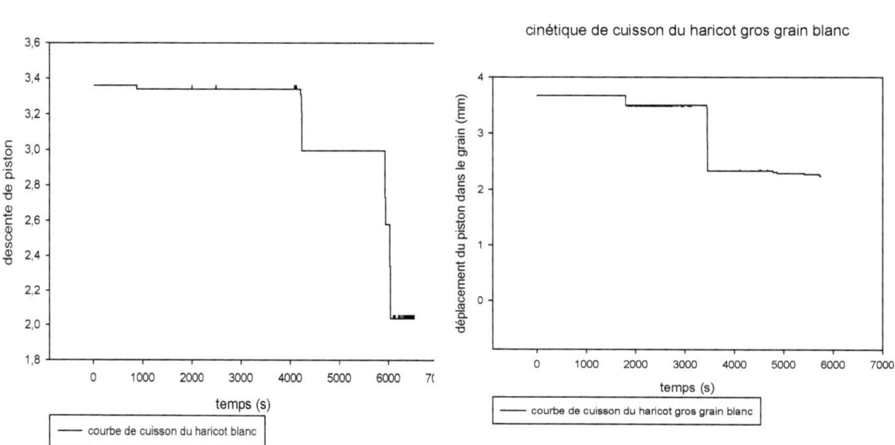

Figure 44 : graphe de cuisson des échantillons de haricot blanc de tailles différentes

Nous observons sur la figure 44 que bien que présentant la même allure (deux transition chacune), les temps de cuisson sont assez différents : environ 1h 40 min pour le petit grain blanc et à peine une heure pour le gros grain, cette observation plus au moins stupéfiante s'expliquerai par le fait qu'une graine grosse présente une surface et un volume d'échange de matière (en occurrence de l'eau) et chaleur plus important et comme corolaire, elle absorberai plus d'eau et de chaleur que la graine de petite taille donc peut cuire plus vite.

De façon générale et nonobstant la corrélation variété-temps de cuisson, le tableau suivant nous permet de comprendre que les graines de haricot de grande taille ont une durée moyenne de cuisson plus courte que celles de petite taille.

Tableau 3 : comparaison des durées de cuisson en fonction de la taille du grain

	Variété de l'échantillon	Temps de cuisson	Temps moyen par rapport à la taille
Grains de petite taille	Rouge	2h 25min	2h 21 min
	Blanc	1h 40min	
	Noir	2h 30min	
Grains de grande taille	Rouge	1h 50 min	1h 30 min
	Blanc	1h 03 min	
	tacheté	1h 37min	

On peut constater que le gros grain cuit en moyenne une heure de temps plus vite que le grain de petite taille.

VI-3. Étude de l'influence de la température de la source de chaleur sur la cuisson

Afin d'étudier l'influence de la température de la source de chaleur sur la cuisson, nous avons réalisé 4 cuissons de haricot blanc sur plaque électrique (qui offre la possibilité de faire varier la température sur plusieurs plages) avec le haricot blanc. Les résultats de l'essai sont consignés dans le tableau suivant.

Tableau 4 : influence de la température de cuisson sur la durée de cuisson

Ordre de cuisson	Température de la plaque (°C)	Durée moyenne de cuisson (s)
Essai 1	150	8756 (2h 28 min)
Essai 2	200	8044 (2h 10 min)
Essai 3	250	7209 (2h)
Essai 4	300	6521 (1h 50 min)

Nous constatons donc, à la lumière de ces données que la température de la source de chaleur, a un impact direct sur le temps de cuisson. La courbe de figure 45 montre que la durée de cuisson varie linéairement et en sens inverse avec la température de la source de chaleur (au moins pour ce qui est de la plage de température considérée dans notre étude).

Ce résultat peut paraitre surprenant car les travaux de Tékoua en 2008 ont montré qu'une fois le cuiseur Mattson en ébullition, la température à l'intérieur n'évolue plus et stagne autour de 100 °C quelque soit la source de chaleur.

Cependant, même lorsque la température n'évolue plus au sein de cuiseur pendant l'ébullition (on parle d'évaporation isotherme), la quantité de chaleur qui y règne à 300°C est supérieure à la quantité de chaleur qui y règne à 150°C, de ce fait le grain de l'essai 4 (confère tableau 3) absorbe plus de chaleur et cuit plus vite que le grain de l'essai 1 bien qu'ils soient à la même température.

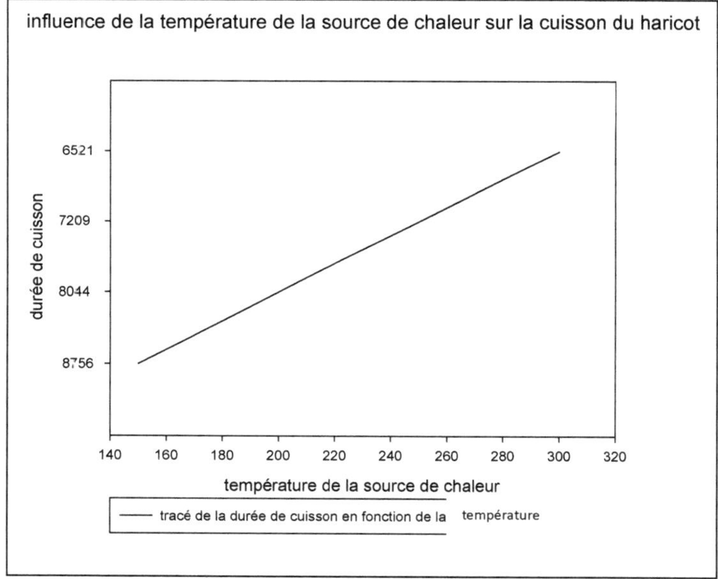

Figure 45 : graphe de l'influence de la température sur la durée de cuisson du haricot

VI-4. Discussion des résultats

Le dispositif que nous avons réalisé nous a permis d'étudier la cuisson de six variétés différentes de haricot, et un seul résultat est commun à différentes variétés : l'allure générale de cinétique de cuisson. Pour toutes les variétés étudiées, la transition entre l'état non cuit et l'état cuit de la graine se fait en deux temps de durée variée, dépendant des paramètres que nous venons de mettre en évidence et surement de bien d'autre encore.

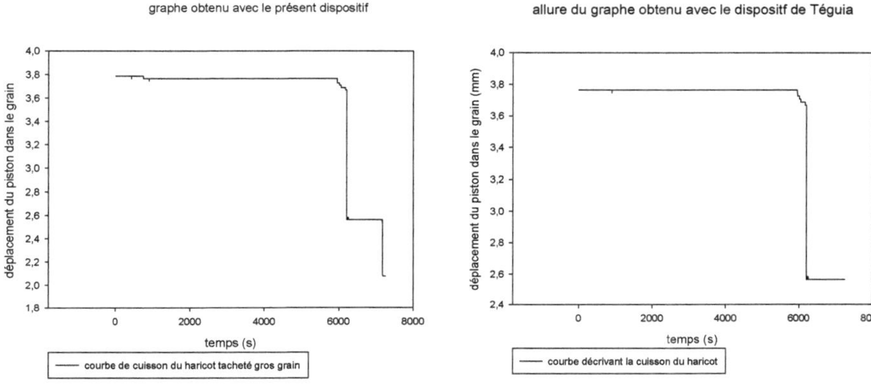

Figure 46 : graphe de comparaison

Ce résultat diffère de celui obtenu par Téguia en 2007 (voir figure 46), dans lequel la transition entre l'état non cuit et l'état cuit de la graine se fait en un seul temps. Cette différence s'explique par l'avancée technologique de notre dispositif par rapport à celui élaboré par Téguia en 2007. Le tableau 4 l'illustre mieux.

Le fonction mathématique qui modélise le mieux les différents graphes obtenus est une sigmoïde à trois paramètres : $f(t) = \frac{a}{(1+e^{\left(-\left(\frac{t-t0}{b}\right)\right)})}$, dans laquelle f(t) est l'évolution de la cuisson du haricot en fonction du temps t. Le paramètre t0 donne le temps théorique de cuisson et b la constante de temps de cuisson qui est une mesure de la durée de la transition entre l'état non cuit et l'état cuit du grain. Avec ce modèle, le coefficient de corrélation varie de 0.81 à 0.95 pour les différentes variétés.

Tableau 5 : comparaison technologique

Critère technologique	Dispositif DESCH de Téguia	Dispositif présent
Quantité de signaux traités	04	16
Fréquence d'échantillonnage des signaux	01 Hertz	23 KHertz
capteurs	Lestés par une masse de 152 g	Pas de lest, linéarité et sensibilité amélioré

VII. Bilan financier du projet

Tableau 6 : bilan des composants utilisés

ALIMENTATION

COMPOSANTS	**QUANTITE**	**PRIX UNITAIRE**	**TOTAL**
TRANSFORMATEUR 12V * 2 ; 1,5A	1	4000	4000
PONT DE DIODES 100V	1	800	800
REGULATEURS, 7805, 7812,7912	3	600	1800
CONDENSATEURS 2200µf/25V	2	400	800
CONDENSATEURS 470µF/25V, 220µF/25V	2	300	600
DIODE 1N 4007	1	150	150
PLAQUE PERFOREE PETIT MODEL	1	1000	1000
TOTAL PARTIEL			9 150

LE MODULE D'ACQUISITION

COMPOSANTS	**QUANTITE**	**PRIX UNITAIRE**	**TOTAL**
CONDENSATEURS CHIMIQUES 1µF/10V	4	100	400
QUARTZ 20MHz	1	5000	5000
PIC 16F877	1	10000	10000
MAX 232C	1	1500	1500
MULTIPLEXEURS 4052	4	1000	4000
FICHE DB9 MALE	1	1000	1000
CONDENSATEURS CERAMIQUES 15pF	2	300	600
PLAQUE PERFOREE GRAND MODEL	1	1500	1500
TOTAL PARTIEL			24 000

Divers

COMPOSANTS	**QUANTITE**	**PRIX UNITAIRE**	**TOTAL**
CABLE	2m	200	400
CONNECTEUR SERIE	1	2000	2000
ADAPTATEUR USB – RS 232	1	8000	8000
CAPTEURS POTENTIOMETRIQUE	20	25000	50 000

ETAIN	5m	100	500
FRAIS DIVERS			10000
TOTAL PARTIEL			70900

Autres services :

- Internet : 12 000 FCA
- Réalisation des tipons pour la carte d'acquisition: 20 000 FCA
- Frogrammateur de pic : 35 000 FCA
- Frais de réhabilitaion mécenique du cuiseur Mattson 30 000 FCA
- Conception et réalisation du support mécanique des capteur 15000 FCA
- Divers outils pour montages des capteurs sur le cuiseur 5000 FCA
- Frais d'étude de la partie électronique : 60 000 FCA
- Frais d'étude de la partie informatique : 40 000 FCA

TOTAL GENERAL

TG= 70900+24000+9150+20000+12000+ 35000+ 30000+120000= 313 550 FCFA

Conclusion et perspectives

Parvenu au terme de ces travaux dont le but était de mettre sur pied un système de traitement du signal pour l'étude de la cuisson des légumineuses, deux étapes essentielles, ont été nécessaires pour atteindre cet objectif:

Tout d'abord il a fallu concevoir et réaliser un système électronique bâtit autour d'un microcontrôleur dont le rôle consiste en l'acquisition, la numérisation et la transmission des données de cuisson vers l'ordinateur pour analyse, ensuite au niveau de l'ordinateur il a été implémenté en langage C++, une application informatique pour l'acquisition et l'archivage des données fournies par le module électronique et une autre pour le traitement de ces données. Enfin une étude du choix des capteurs adéquats pour le relevé des signaux.

Une fois le dispositif achevé, nous l'avons mis en œuvre à travers l'étude de l'influence de trois paramètres sur la cuisson du haricot. Il ressort de cet étude que : la variété (l'espèce) de haricot a une influence sur la cinétique de cuisson du haricot et sur la durée de la cuisson ; la taille (grosseur) du grain de haricot a une influence sur le temps de cuisson du grain ; La durée de cuisson d'un échantillon de haricot dépend entre autre de la température de la source de chaleur utilisée pour le faire cuire.

Certainement qu'il y a encore de nombreux autres paramètres qui influencent la cuisson du haricot, et nous espérons que les scientifiques qui se lanceront dans ce domaine d'étude trouveront en ce dispositif un outil d'aide à la décision.

En guise de perspectives, Il serait intéressant de construire un modèle mathématique corrélant les résultats obtenu avec un coefficient satisfaisant (au moins 90%), car les courbes obtenues avec le nouveau dispositif suggèrent que le modèle sigmoïdale soit amélioré.

Références bibliographiques

1) **Thanathan R. N. et Mahadevamma S.**, 2003. Grain legumes a boon to human nutrition. Trends Food Sci. Tech. 14, 507-518.

2) **Aguilera J. M. et Rivera J.,** 1992. Hard-to-cook defect in black beans: hardening rates, water imbibition and multiple mechanism hypothesis. Food Res. Inter. 25(2), 101-108.

3) **Mbofung C.M.F., Rigby N., et Waldron K.W.,** 1999. Use of two varieties of hard-to-cook beans (Phaseolus Vulgaris) and cowpea (Vigna unguiculata) in the processing of koki (a Steamed legume product). Plant Food Human Nutr. 54, 131-150.

4) **Mbofung C.M.F., Niba L., Parkar M.L., Downie A.J., Rigby N., Leakey C.L.A. et Waldron K.W,** 1996. Development of Hard-to-cook defect in horsehead beans : Effects on somme physical characteristics and In vitro protein digestibility. In Agri-food quality and inter disciplinary approach; Feuwich. G.R., Hedley. C., Richard R.L., Khokhar S. (Eds.), Royal Society of Chemestry, U.K.; p. 4433-4438.

5) **Hentges D. L., Weaver C. M., Nielson S. S., Weaver L. R., Evans B. H. et Jacob J. M.,** 1990. Automation of a Mattson bean cooker for testing the hard-to-cook defect in legume seeds. Transactions of the ASAE, 33(2), pp. 625-628.

6) **TEGUIA J. B.,** 2000. Automatisation de la mesure du temps de cuisson du haricot. Mémoire de maitrise. Universitéde Ngaoundéré.

7) **Wang et Daun.**, 2005. Automatisation du cuiseur Mattson. Commission canadienne des grains.

8) **TEGUIA J. B.,** 2007. Contribution à l'étude de la cinétique de cuisson du haricot « phaseolus vulgaris ». Mémoire D.E.A. Université de Ngaoundéré.

9) **Hincks M. J. et Stanley D.W.,** 1986. Multiple mechanisms of beans hardening. J. Food Techno. 21, 731-750.

10) **Aguilera J. M., Hau M. I. et Villablanca W.,** 1985. The effect of solar drying and heating on the hardness of Phaseolus beans during storage. J Stored Prod. Res. 22(4), 243-247.

11) **Vindiola O. L., Seib P. A. et Hoseney R. C.,** 1986. Accelerated development of the hard-to-cook state in beans. Cereal Food Worlds 31(8), 538-552.

12) **Mattson S.,** 1946. The cookability of yellow peas. A colloid-chemical and biochemical study, Acta Agriculture Suecanna II 2: 185-231.

13) **Varriano-Marston E., Jackson G. M.**, 1981. Hard-to-cook phenomenon in beans: Structural changes during storage and inhibition. J. Food Sci. 46(5), 1379-1385.

14) **Burr et al.,** 1968 Proctor J.P. and Watts B., 1987. Development of a modified Mattson bean cooker procedure based on sensory panel cookability evaluation. Can Inst Food Sci Technol J., 20, 9-14.

15) **Hsieh H.M., Pomeranz Y., Swanson B.G.,** 1993. Composition, cooking time, and maturation of Azuki (*Vigna angularis*) and common beans (*Phaseolus vulgaris*). Cereal Chem, 69, 244-248.

16) **Chhinnan M.S.,** 1985. Development of a device for quantifying hard-to-cook phenomenon in cereal legumes, ASAE 28(1):335-339.

17) **Bitjoka L., Teguia J. B. et Mbofung C. M. F**., 2008. PC-based instrumentation system for the study of bean cooking kinetic. J. Appl. Sci. 8(6), 1103-1107.

18) **Maurice Bellanger.,** 2006. Traitement numérique de signal: théorie et pratique. Dunod. 56-103

19) **Kamla V. C.,** 2010. Support de cours de génie logiciel. ENSAI, Université de Ngaoundéré.

20) **Fokam rigobert.,** 2011. Réalisation d'un système électronique pour le suivi de la cuisson des légumineuses. Mémoire d'ingénieur. ENSAI, université de Ngaoudéré.

21) **Kamta Martin.,** 2008. Support de cours d'électronique analogique. ENSAI, Université de ngaoundéré.

22) **Claude Delannoy.,** 2005. Programmer en langage C. Eyrolles. 158-224.

23) **Vincent Petit.,** 2003. Cours d'initiation en C++. Département de GEII, ENS de Cachan. 36-44

24) **Charles Manski.,** 1991. Regression. *Journal of Economic Literature*, vol. 29, n° 1.

25) **Philip E. Gill et Walter Murray**., **(1978**). Algorithmes pour la résolution du problème des moindres carrés non-linéaires. *SIAM Journal on Numerical Analysis*.

26) **Nocedal Jorge et Wright Stephen J.**, (2006). *Optimisation numérique, 2e édition.* Springer. 39-101.

27) **T. Strutz.,** 1995. *Montage de données et de l'incertitude (Une introduction pratique à moindres carrés pondérés et au-delà)* . Vieweg + Teubner. 28-45

28) **CT Kelley.**, 1999. *Méthodes itératives pour l'optimisation.* Les frontières SIAM en Mathématiques Appliquées, no 16.

29) **Michel Tenenhaus.**, 1998. *La régression PLS : Théorie et Pratique*. Paris, éditions Technip. 210-267

30) **Stéphane Tufféry.**, 2010. *Data Mining et statistique décisionnelle*. Paris, éditions Technip. 87-121

31) **Jorje J. Moré et Daniel C. Sorensen., 1983**. Calcul d'une étape d'affectation spéciale. *SIAM J. Sci. Stat. Comput (4).*

32) **José Pujol.**, 2007. La solution de problèmes inverses non linéaires et la méthode de Levenberg-Marquardt. *Géophysique* (SEG).

33) **Kenneth Levenberg.**, 1944. Une méthode pour la solution de certains problèmes non-linéaires par les Moindres Carrés. *trimestriel de Mathématiques Appliquées* 2.

34) **Donald Marquardt.**, 1963. Algorithme pour l'estimation des paramètres par la méthode des moindres carrés non-linéaires. *SIAM Journal on Mathématiques Appliquées* 11 (2).

35) **Georges Asch.**, 2002. Les capteurs en instrumentation industrielle. Masson. 78-93

ANNEXES

Annexes 1 : présentation du microcontrôleur PIC 16f877

Le PIC16f877 dispose des ressources suivantes :

- Une mémoire flash de 8Ko ;
- Une mémoire RAM de 368 octets ;
- Une mémoire EEPROM de 256 octets ;
- 33 ports d'entrées/sorties répartis de la manière suivante :
    - Port A : 6 pins d'E/S fonctionnant en mode numérique dont 5 pouvant fonctionner en mode conversion analogique/numérique ;
    - Port B : 8 pins d'E/S fonctionnant en mode numérique ;
    - Port C : 8 pins d'E/S fonctionnant en mode numérique et pouvant aussi servir de module de communication pour les protocoles rs232 et I^2C (communication série) ;
    - Port D : 8 pins d'E/S fonctionnant en mode numérique et pouvant aussi servir de module de communication pour le module PSP (Parallel Slave Port, communication parallèle) ;
    - Port E : 3 pins d'E/S fonctionnant en mode numérique, pouvant aussi fonctionner en mode conversion analogique/numérique et servant aussi de contrôle de port parallèle lorsque le port D est configuré dans ce mode.

Vue de dessus

Sur la figure ci-dessous nous pouvons observer une vue de dessus du PIC, montrant les différents ports et les fonctions jouées par chaque pin. Une pin ne peut assurer deux fonctions simultanément. Son rôle dépend des configurations effectuées lors de l'initialisation de PIC. Toutefois l'exception est faite pour les broches 39 et 40 qui ne peuvent qu'être utilisées comme entrées / sorties standards en mode de fonctionnement normal du PIC. En réalité, dans le mode de « programmation », la broche numéro 39 sert à véhiculer le signal d'horloge du programme et la broche 40 sert à véhiculer les données. On peut avoir accès à ces fonctions qu'en mode de programmation.

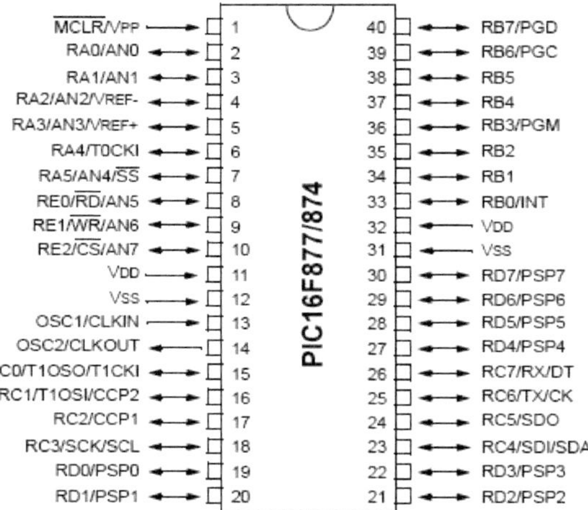

Schéma du PIC 17F877

Annexes 2 : le programmateur de PIC

Il s'agit d'un circuit électronique permettant d'écrire un programme hexadécimal dans la mémoire du microcontrôleur.

Il existe dans la littérature une multitude de schéma de programmateur de pic. Même s'ils sont généralement de conception relativement simple, la réalisation d'un programmateur de PIC efficace demande assez d'expérience et de dextérité. Le schéma du programmateur utilisé dans le cadre de notre projet est le suivant :

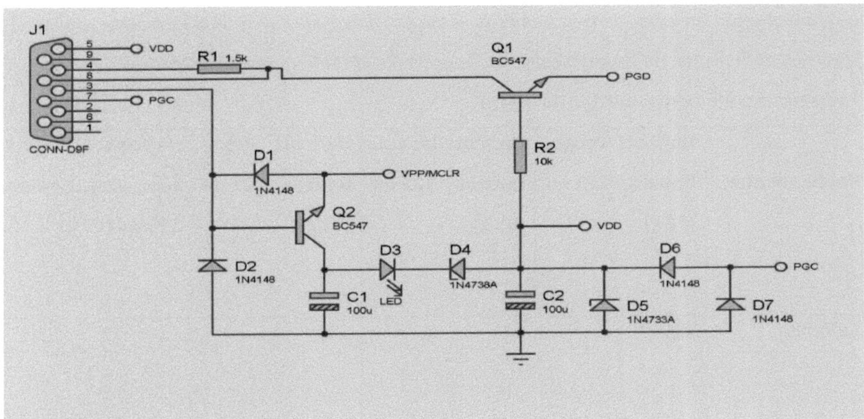

Schéma du programmateur de type JDM

Annexes 3 : principes actifs et propriétés du haricot

En plus de constituer des sources importantes de protéines végétales et de fibres alimentaires, ces légumineuses regorgent de minéraux et de vitamines. Des études ont associé une consommation régulière de légumineuses à divers bienfaits tels qu'un meilleur contrôle du diabète, et une diminution du risque de maladies cardiovasculaires et de cancer colorectal. Le *Guide alimentaire canadien* recommande d'ailleurs de consommer souvent des légumineuses en remplacement de la viande. De plus, l'American Institute for Cancer Research, un organisme qui œuvre à la prévention du cancer, recommande à la population de consommer en priorité des aliments d'origine végétale, en y incluant une variété de légumes et de fruits, de légumineuses et de produits céréaliers peu transformés.

Tableau des éléments nutritifs du haricot

Poids/volume	**Haricots rouge, bouillis, 125 ml (94 g)**	**Haricots blancs, bouillis, 125 ml (95 g)**	**Haricots noirs, bouillis, 125 ml (91 g)**	**Haricots de Lima, secs, gros, bouillis, 125 ml (99 g)**
Calories	119	131	120	114
Protéines	8,1 g	9,2 g	8,1 g	7,8 g
Glucides	21,3 g	23,7 g	21,6 g	20,7 g
Lipides	0,5 g	0,3 g	0,5 g	0,4 g
Fibres alimentaires	6,2 g	6,5 g	6,3 g	7,0 g

Source : Santé Canada. *Fichier canadien sur les éléments nutritifs*, 2005

Annexe 4 : quelques codes sources

Dans cette partie, nous présentons quelques portions de code source que nous avons utilisées dans les différents programmes de notre application.

A. La routine de conversion analogique numérique en langage assembleur (portion de programme du microcontrôleur)

```
;*************************************************************************
**
;               INTERRUPTION CONVERTISSEUR A/D                   *
;*************************************************************************
**
;-------------------------------------------------------------------------
; Sauvegarde les resultats de la conversion et positionne le flag end_conv
;-------------------------------------------------------------------------
intad
        bcf     ADCON0,ADON                 ; éteindre convertisseur
        movf ptr_adresult , w         ; charger pointeur ptr_ad_result
        movwf FSR                     ; dans registre FSR
        movf    ADRESH,w        ; charger poids fort conversion
        movwf INDF              ; sauver dans zone de sauvegarde
        incf    FSR,f           ; pointer sur poids faible
        bsf     STATUS,RP0              ; passer banque 1
        movf    ADRESL,w        ; charger poids faible conversion
        bcf     STATUS,RP0              ; repasser banque 0
        movwf INDF              ; sauver dans zone de sauvegarde
        incf    FSR,f           ; pointer sur poids fort suivant
        movf FSR , w            ; sauvegarder adresse poids fort suivant
        movwf ptr_adresult      ; dans pointeur ptr_ad_result
        bsf end_conv            ; valider flag fin de conversion
        bcf     PIR1,ADIF               ; effacer flag interupt
        return                          ; fin d'interruption
```

B. Méthode permettant la réception des données depuis le port série de l'ordinateur (fragment de programme en c++ de l'application d'acquisition)

```
void __fastcall TForm1::ComPort1RxChar(TObject *Sender, int Count)
{

//ComPort1->SetDTR(false); //Mise à +15V de DTR
unsigned char *Buf = new unsigned char [1];
unsigned char *Buf2 = new unsigned char [1];
int adresse,donnee; double resultat,Vin,coef;
   ComPort1->Read(Buf, 1 );
   //Lit "1" octet(s) présent(s) dans le buffer d'entrée et le(s) place dans "Buf"
   Edit33->Text=((*Buf));
   //adresse=StrToFloat(Edit33->Text);
   //Edit2->Text= (*(Buf2));
    delete [] Buf;
    Buf = NULL;
 ComPort1->Read(Buf2, 1 );
 Edit34->Text=((*Buf2));
  //  delete [] Buf2;
   // Buf2 = NULL;
adresse=StrToFloat(Edit33->Text);
donnee=StrToFloat(Edit34->Text);
Vin = (donnee*4.95)/255 ;
//Edit3->Text=FloatToStr(resultat);
//Edit4->Text=FloatToStr(Vin);
switch (adresse)
{     case 0 :
      { if (CheckBox16->Checked==true)
         { ComLed16->GlyphOn;
           coef=StrToFloat(Edit32->Text);
```

```
        resultat= Vin*coef ;
       Form10->Chart4->BottomAxis->ExactDateTime = true;    //
Form10->Chart4->BottomAxis->Increment = DateTimeStep[dtOneSecond]; // graph
commun
Form10->Series16->AddXY(Now(), resultat, DateTimeToStr(Now()), clBlack); //
     Form9->Chart1->BottomAxis->ExactDateTime = true; // graph perso
Form9->Chart1->BottomAxis->Increment = DateTimeStep[dtNone]; // graph perso
Form9->Series2->AddXY(Now(),resultat, DateTimeToStr(Now()), clBlack);
Form9->Label2->Caption="--- " + Edit16->Text;
Form9->Memo2->Lines->Add( DateTimeToStr(Now())+ "      "+ FloatToStr(resultat));
Form9->Memo2->Lines->SaveToFile(Edit35->Text+Edit16->Text+ ".txt"); }
else ComLed16->GlyphOff;} break ;

     case 1 :
     { if (CheckBox1->Checked==true)
       { ComLed1->GlyphOn;
        coef=StrToFloat(Edit17->Text);
        resultat= Vin*coef ;
       Form10->Chart1->BottomAxis->ExactDateTime = true;    //
Form10->Chart1->BottomAxis->Increment = DateTimeStep[dtOneSecond]; // graph
commun
Form10->Series1->AddXY(Now(), resultat, DateTimeToStr(Now()), clBlack); //
     Form2->Chart1->BottomAxis->ExactDateTime = true;     //graph perso
Form2->Chart1->BottomAxis->Increment = DateTimeStep[dtOneSecond]; // graph perso
Form2->Series1->AddXY(Now(),resultat, DateTimeToStr(Now()), clBlack);
Form2->Label1->Caption="--- " + Edit1->Text;
Form2->Memo1->Lines->Add( DateTimeToStr(Now())+ "      "+ FloatToStr(resultat));
Form2->Memo1->Lines->SaveToFile(Edit35->Text+Edit1->Text+ ".txt");
    }
else ComLed1->GlyphOff;} break;
     case 2 :
     {if (CheckBox2->Checked==true)
```

```
{ ComLed2->GlyphOn;
 coef=StrToFloat(Edit18->Text);
 resultat= Vin*coef ;
Form10->Chart1->BottomAxis->ExactDateTime = true;    //
Form10->Chart1->BottomAxis->Increment = DateTimeStep[dtOneSecond]; // graph
commun
Form10->Series2->AddXY(Now(), resultat, DateTimeToStr(Now()), clBlack); //
Form2->Chart1->BottomAxis->ExactDateTime = true;    //graph perso
Form2->Chart1->BottomAxis->Increment = DateTimeStep[dtOneSecond]; // graph perso
Form2->Series2->AddXY(Now(),resultat, DateTimeToStr(Now()), clBlack);
```

C. Méthode permettant d'extraire les données depuis un fichier Excel pour les modéliser (fragment de programme en c++ de l'application de traitement)

```
void CreateOleDbConnection()
{
try
        {
String ^myQuery= "";
OleDbConnection^ myConnection = gcnew OleDbConnection();
OleDbCommand^ myCommand = gcnew OleDbCommand();
DataSet^ myDataSet = gcnew DataSet();
OleDbDataAdapter^ myDataAdapter = gcnew OleDbDataAdapter();
DataTable^ myDataTable = gcnew DataTable();

myConnection->ConnectionString = "provider=Microsoft.ACE.OLEDB.12.0;
" + "data source='" + textFile->Text + " '; " + "Extended
Properties=Excel 8.0;";
myConnection->Open();
myQuery = "select * from [Feuil1$]";
myCommand = gcnew OleDbCommand(myQuery, myConnection);
myDataSet = gcnew DataSet();
myDataAdapter = gcnew OleDbDataAdapter(myCommand);
```

```
myDataAdapter->Fill(myDataSet,"[Feuil1$]");
myConnection->Close();
dataGridView1->DataSource = myDataSet;
dataGridView1->DataMember = "[Feuil1$]";
}
        catch(System::Data::SqlClient::SqlException ^ex)
{
           MessageBox::Show(ex->Message, "SQL Query Failed");}
}
```

Printed by Books on Demand GmbH, Norderstedt / Germany